U0340553

法式面包烘焙宝典

[法] 让-玛丽·拉尼奥（JEAN-MARIE LANIO） [法] 托马·马利（THOMAS MARIE）
[法] 帕里斯·米塔耶（PATRICE MITAILLÉ）著

[法] 狄伦·阿勒夫（DYLAN HALFF） [法] 杰罗姆·兰纳（JÉRÔME LANIER）摄影

张梅 译

中国轻工业出版社

序言

能够为《法式面包烘焙宝典》这本出色的著作作序，我感到非常欣喜与荣幸。

书中所介绍的诸多面包烘焙方法，均由三位 30 多岁的法国面包烘焙大师起草完成。

通过这本书，作者不仅向我们展示了种类繁多且形式多样的各式面包，还在书中融入了多种元素：结合传统与现代美的造型面包、在法国本土广受欢迎的法式面包、特色鲜明的地方特产面包、来自全球各地的经典糕点、多种多样的甜食、法国与世界各地的奶油面包以及其他甜食。这些手工制作的美食作品，无论是面包或是甜食，都非常出色。

三位面包大师希望更多有毅力、有激情、渴望学习和发展的面包师来分享其所学、所知。

毋庸置疑，这部由三人共同完成的著作能够在所有正在寻找较专业的面包烘焙参考书的专业人员的书架上拥有一席之地。书中所列举的面包的多样性、精良的制作方法、烘焙方法的清晰解读以及高质量的面包图片都会使这部著作成为面包烘焙从业者的必备书籍。

丹尼斯 · 法特（Denis Fatet）

帕特里克 · 卡斯塔尼亚（Patrick Castagna）写给法国优秀匠人托马 · 马利（Thomas Marie）的信

托马（Thomas）：

大概是因为羞怯，我无法向你言明，透过你的作品以及你的才华，我突然感觉你是那么亲切。

看你制作面包，我观察到了你技术的精湛（仅从准备难度系数较大的酵母一道工序就能看出功底的深厚）。对于面包艺术，你天赋禀异，且通过持续的、严格的学习以及不间断地付出使技艺更强。

你是天生的面包师，对面包作坊的生活情有独钟。你懂得分享所知以便培养新人以及服务面包业的众多从业者。爱挑战的精神促使你战胜所有困难，你对待工作精益求精、持之以恒的精神是让人钦佩的；你懂得整合所有技术并逻辑清晰地运用于面包的制作，因为你清楚地明白商业的核心竞争力，即是面包产品。

我们的职业只有在为他人提供了美食时才有了意义。最有天分的人往往是愿意分享所学、所知的那些人：透过这部著作，你再一次向所有面包业从业人员证明了你的慷慨。书中包含着代表你专业技艺的品牌面包制作技法，以及编辑此著作时的合作伙伴让 - 玛丽 · 拉尼奥（JEAN-MARIE LANIO）与帕里斯·米塔耶（PATRICE MITAILLÉ）的代表作。这种乐于分享的精神正是你宝贵品质的体现。

能够见证我们这个职业的后浪潮，我非常骄傲。所有手工制作的面包，无论是传统面包、地方性特产面包、受外国美食启发而制作的面包或是顺应时代潮流变化而制作的面包，都是努力认真的结果。

人们会逐渐了解三位面包大师给予建议的意义所在。通过此书，你们的文字会帮助到越来越多需要它们的人。

谢谢你们！

法国国立糕点面包烘焙学院教师

帕特里克 · 卡斯塔尼亚（Patrick Castagna）

ECOLE HOTELIERE
LAUSANNE
Since 1893

托马·马利

（Thomas Marie）

你们认识托马·马利（Thomas Marie）吗？你们眼里的那个托马（Thomas）又是什么样子的呢？

是时而幽默时而仔细品味生活、主持餐桌文化节目、能言善辩且喜欢与同伴开玩笑的主持人托马（Thomas）吗？还是另外一个从事面包烘焙工作的托马（Thomas）？人们在提及他的职业时必会以多种方式介绍：严肃、严谨、富有激情、热情满满并对他的职业饱含爱意以及创造力。

小托马在很小的时候就开始接触和面盆。在6岁的时候，他经常跑出自己的房间去找他的父亲，观察父亲的工作过程、触摸面团，并沉浸在面包坊的烘焙氛围中：夜半时分，所有人都睡下之后，待在面包坊是非常奇妙的。从此，面包坊的环境、气味以及神秘感都吸引着他……在他的心里，已经播下了一颗种子。

他成功地进入法国里昂国立烘焙学院（INBP）后，这颗种子得以快速生根、发芽。起初，他是烘焙学院的一名学生，他成功地获得专业技能合格证书（CAP）、职业学校毕业证书（BEP）以及工长资格证书（BM）。随后，他成为职业培训师，往返于法国与其他国家之间，不间断的学习过程使得他对当下潮流甚为敏感。同时，他慷慨地向其他人传授其所学、所知。

他保持着对面包业的热情并通过参加许多竞赛不断充实自己。竞赛中，他获得了多项光荣称号：2005年法国面包比赛冠军、2006年欧洲面包大赛亚军。

他总是向着更远、更高的方向努力。他报名参加法国最佳手工业者奖（MOF）大赛，整整两年，他将所有时间用于备赛。2007年，他终于获得MOF大师称号：自他首次参加比赛，他一路披荆斩棘，终于穿上了带有MOF身份标志、象征法国最高荣誉的蓝、白、红三色衣领制服。而当时，他年仅26岁。

他对面包业的热情，他已在《60家面包店的成功》（60 succès de Boulangerie-Pâtisserie）这本书中进行详细介绍。这本书是他与塞巴斯蒂安·奥代特（Sébastien Odet）在里昂国立烘焙学院（INBP）的指导和帮助下共同编著，在面包烘焙从业人员中取得了很大的反响。

如今，他的身份是在业界非常权威的瑞士洛桑酒店学校的高级烘焙教师，他需要向一些初学者传授高级糕点的制作方法。挑战似乎更大，他的学生烘焙技术的快速提高也令他非常欣慰。

这就是托马·马利！他是一个混合体，率真又严肃、富有才干又有创造力。他总是并且仍然在不断地质疑和求知。他接下来将面对什么样的挑战？我们赌定在他那有着超群记忆力的大脑里，与面包业有关的想法已经在发酵。我们能够确定的是他并没有停下给我们惊喜的脚步，因为他不但富有才干，而且不局限于当下。

在等待他即将带给我们的下一个惊喜之际，我们和他一起分享他的新作《法式面包烘焙宝典》中最有爱的食物。

让 - 玛丽·拉尼奥
(Jean-Marie Lanio)

是金子总会发光

除了他的曾祖父是磨坊主（布列塔尼甜面圈磨坊）之外，似乎再找不到其他能够解释让 - 玛丽 · 拉尼奥（Jean-Marie Lanio）注定会从事面包业的说法了。他在欧洲完成了中小学的学业之后，进入马赛尔卡龙（Marcel Callo）技术高中。然而，每逢假期，他就时常出入位于塞韦拉克的菲利普 · 拉那（Phillippe Lanoe）先生的面包坊，距离他家仅几步之遥。在面包坊，他感觉甚好，他喜欢制作面包时的各种技艺，陶醉于热面包的香气以及刚出炉的维也纳甜面包，他甚至非常喜爱双手按揉面团的感觉。从那时起，在他内心深处便有了这样的信仰：要成为面包师。

高中顺利毕业后，他离开了学校，开始学习烘焙。他顺利地取得了专业技能合格证书（CAP）、职业学校毕业证书（BEP）以及职业资格证书（BP）。他成为南特区面包师长，并在四年之内专心于培养年轻学徒，向他们传授他的本领，让他们感受到他对面包的热爱。

2010 年，他决定参加工长资格证书（BM）考试，并加入里昂国立烘焙学院（INBP）。在那里，他被高质量的教学水平、老师的创新能力以及专注力所吸引。次年，他也成为教师团队的一员。他严格要求学生，注重教学方法并富有激情地陪伴法国以及外国的年轻学生共同进步。同时，他也愿意向他的学生们分享他的经验。

2012 年，受托马 · 马利之邀，他来到了瑞士，并在瑞士洛桑酒店学校度过了有意义的三年时光。他在那里受益匪浅，在教授学生烘焙的同时，他也在准备 2015 年法国最佳手工业者奖（MOF）大赛。可以说，他总是有许多事情要做。

2015 年 11 月，他与他的妻子敏英（Min Young，里昂国立烘焙学院的毕业生）以及他们的小女儿娥仁（Ah-In）去了韩国首尔。如今，他在韩国连锁食品集团 SPC 负责里昂国立烘焙学院（INBP）硕士班的教学。在韩国，他所研发的法国“祈福面包”被广泛喜爱和认可。

Jean Marie Lario

ECOLE HOTELIERE
LAUSANNE
Patrice Mitaillé

帕里斯·米塔耶
（Patrice Mitaillé）

来自父母都是手工业者家庭的帕里斯·米塔耶（Patrice Mitaillé）注定会从事与饮食有关系的职业，他的家庭成员所从事的职业，也都与饮食有关，包括肉店老板、面包师，甚至是加利福尼亚州的厨师长。

帕里斯来自布列塔尼地区，于 1989 年出生于瓦纳市。起初，在普洛埃默尔（Ploemeur）以及瓦纳市学习期间探索糕点世界，并以优异的成绩顺利获得职业学校毕业证书（BEP）以及职业技术证书（BTM）。

为了使自己更加充实，他又接连取得了巧克力制造师的职业技术证书（BTM）以及里昂国立烘焙学院（INBP）的糕点业工长资格证书（BM），并在烘焙学院结识了托马·马利以及让-玛丽·拉尼奥（担任他在洛桑酒店学校就读期间的老师），他们后来都成为了他的“导师”。

帕里斯求知的脚步从未停歇，他加快步伐致力于面包业的学习研究。他在里昂国立烘焙学院以第一名的成绩取得了专业技能合格证书。

鉴于他所取得的出色成绩，他得以在巴黎面包坊工作十八个月，即在世界著名的顶级面包大师艾瑞克·凯瑟（Eric Kayser）身边工作。

此时，托马·玛利希望他加入洛桑酒店学校的团队中：帕里斯毫不犹豫便迅速赶往瑞士与托马会合。让-玛丽·拉尼奥去韩国之后，帕里斯接替了他的位置，并认真地完成法国以及外国学生面包制作的相关课程的教授。

帕里斯正直、严格、目标明确并喜欢将其所学传授于他人，2014 年时值世界面包大赛之际，他入选成为法国代表团的一员。他的一些面包作品以及维也纳甜面包已列于本书中。

写给读者

· NOTE AUX LECTEURS ·

亲爱的读者们

这本书能让大家发现或再次发现各种各样的产品，无论是其来源、历史、制作方法还是面包制作材料。

在阅读本书期间，为更好地指导大家根据食谱制作面包，关于水化、搅拌时间、发酵时间、静置时间、烘焙时间以及温度要求，我们会给大家多种解释说明。

但是，人人皆知，烘焙过程中会存在一些变量，而这正是它的魅力所在。这也是为什么需要大家在制作面包的过程中根据所处的地理环境、所拥有的设备以及原材料进行变换。维也纳甜面包通常使用普通面粉T55制成；若面包成品不太筋道，可将部分面粉替换为精白面粉。

关于发酵方法，同一面包产品根据不同预发酵方法（酵母或发酵面团），制作时，我们建议选择最适合的方法。

关于酵母，我们通常会使用无盐酵母。对于无需发酵而直接制作的面包，无盐酵母需在制作面包前溶解，对于需要发酵而延迟制作的面包，无盐酵母需在制作面包的当天溶解。大家可在P16以及P18找到无盐酵母的制作方法。另一方面，制作面包使用的发酵面团适用于制作含有黄油以及砂糖的面包，例如羊角面包、奶油面包、维也纳式面包等。

我们仅希望大家阅读愉快，无论是制作传统原味面包、独创面包还是简单或更复杂的面包，均能够有所收获。

目录
SOMMAIRE

酵母

地方特产面包

世界面包

特色面包

目录

SOMMAIRE

法国奶油面包及传统面包

世界奶油面包

小甜点

· LEVAINS ·

酵母

固态酵母

可使用不同种类的面粉（荞麦面粉、斯佩耳特小麦面粉、双粒小麦面粉以及霍拉桑小麦面粉）来制作能够为面包增加不同香味的固态酵母。

老面材料 黑麦面粉 T170　500 克 30℃的水　650 克 蜂蜜　10 克	将所有材料混合在一起。 30℃室温条件下静置发酵 24~48 小时。
第一次溶解酵母 老面　550 克 法国传统面粉 T65　500 克 30℃的水　75 克	将所有材料混合在一起。 30℃室温条件下静置发酵约 12 小时。
第二次溶解酵母 第一次溶解后的酵母　500 克 法国传统面粉 T65　500 克 30℃的水　250 克	将所有材料混合在一起。 25℃室温条件下静置发酵约 12 小时。
第三次溶解酵母 第二次溶解后的酵母　500 克 法国传统面粉 T65　500 克 30℃的水　250 克	将所有材料混合在一起。 25℃室温条件下静置发酵约 12 小时。
溶解达标的酵母 第三次溶解后的酵母　500 克 法国传统面粉 T65　1000 克 30℃的水　500 克	将所有材料混合在一起。 首先在 25℃室温条件下静置发酵 1~2 小时，然后在 3℃室温条件下静置发酵约 12 小时。 此时，酵母已能够使用，但酸度不足。酸度会逐步增强直至酸度达标并稳定。酵母可长时间保存及使用。后续的酵母溶解流程，采用与溶解已达标的酵母相同的方式进行（酵母 1000 克 + 面粉 2000 克 + 水 1000 克）。 若酵母味道或酸度不足，建议使用 T80 面粉进行再次溶解。

液态酵母

可使用不同种类的面粉来制作能够增加面包香味的液态酵母。

材料	用量	做法
老面材料		
黑麦面粉 T170	500 克	将所有材料混合在一起。 30℃室温条件下静置发酵 24~48 小时。
30℃的水	650 克	
蜂蜜	10 克	
第一次溶解酵母		
老面	500 克	将所有材料混合在一起。 30℃室温条件下静置发酵约 12 小时。
法国传统面粉 T65	500 克	
30℃的水	500 克	
第二次溶解酵母		
第一次溶解后的酵母	500 克	将所有材料混合在一起。 25℃室温条件下静置发酵约 12 小时。
法国传统面粉 T65	500 克	
30℃的水	500 克	
第三次溶解酵母		
第二次溶解后的酵母	500 克	将所有材料混合在一起。 25℃室温条件下静置发酵约 12 小时。
法国传统面粉 T65	500 克	
30℃的水	500 克	
已达标的酵母		
第三次溶解后的酵母	1000 克	将所有材料混合在一起。 首先在 25℃室温条件下静置发酵约 3 小时，然后在 8℃的室温条件下静置发酵约 12 小时。 后续的酵母制作流程，采用与溶解已达标的酵母相同的方式进行（1000 克酵母 +3000 克面粉 +3000 克水）。
法国传统面粉 T65	3000 克	
30℃的水	3000 克	

· PAINS RÉGIONAUX ·

地方特产面包

舒博特面包（阿尔萨斯）

源自阿尔萨斯的舒博特面包，其法语名意为“一分钱的面包”（第二次世界大战期间这款面包价格低廉）。这款面包造型新颖、独特，在阿尔萨斯地区回归法国后广受欢迎。

制作 6 块舒博特面包

搅拌材料		装饰物	
法国传统面粉 T65	1000 克	化黄油	适量
水	600 克	黑麦面粉 T85	适量
盐	21 克		
发酵粉	7 克		
液态酵母	250 克		

制作方法

基础温度 56~60℃。
材料混合 使用螺旋和面机将搅拌材料混合于搅拌缸内。
和面 一级速度约 3 分钟。
揉面 二级速度约 5 分钟。
面团黏度 中种面团（经过二次发酵的面团。将面团转移到工作台上，揉至柔软、光滑，发黏但不粘手后，室温条件下发酵 1 小时。排气后放入碗中并盖上保鲜膜，放进冰箱冷藏放置一夜。）
面团温度 23℃。
面团称重 940 克的生面团。
面团成形 将面团揉圆，并保持较硬的状态。
基础发酵 约 1 小时。
翻转 基础发酵 1 小时后对折。
醒发 约 30 分钟。
整形 使用擀面杖将面团排气并将其擀成长方形。将长方形面团对折，切成两块约 28 厘米 ×20 厘米的面团。在第一块面团上涂一层较薄的化黄油，并用吸油纸吸掉多余的黄油，撒上少许黑麦面粉。将第二块面团叠放在第一块面团之上，使用擀面杖擀出 33 厘米 ×25 厘米的长方形面饼并将其切割成 12 块边长为 8 厘米的正方形面饼。将正方形面饼侧面朝下，两两相接，放在烘焙纸上。
二次发酵 约 45 分钟。
面包烘烤 使用 250℃平炉烘烤约 25 分钟。
冷却排气 放在烤盘上进行冷却排气。

波尔多皇冠面包（阿基坦）

这款源自法国吉伦特的面包是种古老的特产，在以前，其重量可达5千克。这款面包拥有漂亮的外形，特别适合放在一张大圆桌正中央供多人分享。这款面包是最漂亮的法国皇冠面包之一。

制作 1 块皇冠面包（1650 克面团）

搅拌材料

农夫面包面团	
法国传统面粉 T65	800 克
小麦面粉 T150	100 克
黑麦面粉 T170	100 克
水	650 克
盐	20 克
发酵粉	5 克
发酵面团	150 克
固态酵母	150 克

搅拌结束

水（分次加水）	适量

制作方法

基础温度 56~60℃。
材料混合 使用螺旋和面机将所有搅拌材料混合于搅拌缸内。
和面 一级速度约 3 分钟。
揉面 首先使用一级速度揉面约 8 分钟，然后使用二级速度揉面约 2 分钟。
混合 必要时分次添加少量水。
面团黏度 中种面团。
面团温度 23℃。
基础发酵 约 1 小时 30 分钟。
面团称重 7 个 200 克的生面团以及 1 个 250 克的生面团。
面团成形 将面团揉圆。
醒发 约 20 分钟。
整形 使用擀面杖将 250 克的生面团制成直径为 31 厘米的圆盘状。
将 200 克的生面团揉圆。
将 250 克的圆盘状面团置于直径为 37 厘米的发酵篮底部并在其表面轻轻撒上黑麦面粉，随后将已揉圆的 200 克生面团置于圆盘状面团之上，接缝处向上。将圆盘状面团中心部分切除并将切口与圆形状面团连接做成圆环状面包坯。
二次发酵 约 12 小时，温度为 5℃。
装饰 在操作台上，使用滤筛为皇冠面包撒上面粉。
面包烘烤 使用 250℃平炉烘烤约 50 分钟，烘烤温度递减。
冷却排气 放在烤盘上进行冷却排气。

玉米粉面包（阿基坦）

这款源自阿基坦的面包通常指由农民制作出来的乡村面包。以前，制作这款面包时主要原料为小米粉，后来原料逐步被玉米粉所代替。这款面包的特征是其内馅呈黄色、略带水分，烘制过程是在铺有菜叶或栗子树叶的平底锅内完成。

制作 7 块玉米粉面包

搅拌材料

玉米粉	1000 克
100℃的水	1400 克
盐	30 克
发酵面团	850 克
固态酵母	850 克

装饰物

菜叶	适量

菜叶的处理

将菜叶在煮沸的盐水中煮 5 分钟。

制作方法

基础温度 144~148℃。
材料混合 使用搅拌器将玉米粉、开水以及盐混合于搅拌缸内。
和面 一级速度约 3 分钟。
冷却 冷却约 30 分钟，使面团温度达到 60℃。
混合 添加固态酵母以及发酵面团。
揉面 首先使用一级速度揉面约 4 分钟，然后使用二级速度揉面约 1 分钟。
面团黏度 非常柔韧的凝胶状面团。
面团温度 40℃。
基础发酵 约 1 小时 30 分钟。
面团称重 将面团分割为 7 个重量约为 590 克的小面团。将每个小面团都置于直径为 14 厘米、预先已涂油且铺有菜叶的锅内。
二次发酵 约 15 分钟。
面包烘烤 使用 240℃平炉烘烤约 45 分钟，烘烤温度递减。
冷却排气 放在烤盘上进行冷却排气。

COCOTTE

黑麦圆面包（奥弗涅）

源自奥弗涅的这款面包是乡村面包，其外壳厚且硬，较深的纹理褶皱纵横交错于撒有白色面粉的面包表面。这款面包内馅呈褐色、厚实且略带水分，其酸甜的口感使这款面包味道非凡。这款圆面包可保存多日，切成薄片后与当地特色菜完美搭配食用，例如奶酪以及海鲜等。静请发掘其美味！

制作 6 块黑麦圆面包

溶解材料

黑麦面粉 T85	500 克
黑麦面粉 T170	500 克
65℃的水	950 克
发酵面团	425 克
固态酵母	425 克

搅拌材料

黑麦面粉 T85	500 克
黑麦面粉 T170	500 克
65℃的水	950 克
盐	60 克
发酵面团	425 克
固态酵母	425 克
溶解的酵母	2800 克

溶解酵母的配制

使用搅拌器一级速度将所有溶解材料搅拌混合约 6 分钟。
面团的温度为 35℃。
静置发酵约 1 小时 30 分钟。

制作方法

基础温度 110~114℃。
材料混合 使用搅拌器将所有搅拌材料混合于搅拌缸内。
和面 一级速度约 3 分钟。
揉面 首先使用一级速度揉面约 3 分钟，然后使用二级速度揉面约 1 分钟。
面团黏度 富有弹性的凝胶状面团。
面团温度 35℃。
基础发酵 约 1 小时。
面团称重 将面团分割为 6 个单个重量为 940 克的生面团。
整形 使用手掌心将面团揉成圆球状并将其置于撒有面粉的发酵篮，并略微向下按压。
二次发酵 约 30 分钟。
面包烘烤 使用 250℃平炉烘烤约 50 分钟，烘烤温度递减。
冷却排气 放在烤盘上进行冷却排气。

雷恩圆面包

这款源自布列塔尼的面包以较薄、大尺寸以及带有波尔卡割口为特征。这款面包制作时需要较大的圆形平底发酵篮，食用时多与汤同食，其外壳较厚且硬，人们常用“可抵御布列塔尼的毛毛雨”来比喻这款面包外壳的坚硬程度。

制作 1 块雷恩圆面包

搅拌材料

法国传统面粉 T65	500 克
黑麦面粉 T85	330 克
小麦面粉 T150	170 克
水	700 克
盐	26 克
发酵粉	5 克
固态酵母	500 克

制作方法

基础温度 60~62℃。
材料混合 使用螺旋和面机将搅拌材料混合于搅拌缸内。
和面 一级速度约 3 分钟。
揉面 一级速度约 8 分钟。
面团黏度 揉成较硬的面团。
面团温度 23℃。
基础发酵 约 2 小时。
面团称重 2.1 千克的生面团。
整形 轻轻地把面团揉圆，使用擀面杖将面团擀成直径约 32 厘米的面饼。将面饼置于发酵篮，若无发酵篮可置于烘焙纸上，并轻轻向下按压。
二次发酵 约 12 小时，温度为 5℃。
装饰 在操作台上使用滤筛为面团撒上面粉。
割口 波尔卡割口（如图所示）。
面包烘烤 使用 240℃平炉烘烤约 1 小时，温度递减。
冷却排气 放在烤盘上进行冷却排气。

布列塔尼折叠面包（布列塔尼）

源自布列塔尼的这款面包只含有小麦面粉。其特征在于其独特的整形方式，置于烤箱时面包被折叠为钱包状。以前，这种整形方式用于烘烤大型面包，将大型面包置于农用烤箱时，折叠的整形方式可节省烤箱的空间。

制作 4 块布列塔尼折叠面包

搅拌材料

法国传统面粉 T65	800 克
小麦面粉 T150	200 克
水	730 克
盐	21 克
发酵粉	2 克
固态酵母	250 克

搅拌结束

水（分次加水）	适量

制作方法

基础温度 56~60℃。
材料混合 使用搅拌器将所有材料混合于搅拌缸内。
和面 一级速度约 3 分钟。
揉面 二级速度约 5 分钟。
混合 必要时分次添加少量水。
面团黏度 中种面团。
面团温度 23℃。
基础发酵 约 2 小时。
面团称重 500 克的生面团。
面团成形 将面团揉圆。
醒发 约 20 分钟。
整形 面团制成约 30 厘米的梨状，并将其置于烘焙纸上，接缝处向下，再次将梨状面团折叠，第二层比第一层长约 5 厘米。
二次发酵 约 12 小时，温度为 5℃。
装饰 置于操作台上，并对折。
面包烘烤 使用 250℃平炉烘烤约 30 分钟，烘烤温度递减。
冷却排气 放在烤盘上进行冷却排气。

日常法棍面包（巴黎）

法棍面包源自巴黎。关于其发明过程，有着不同版本的传说。其中一个传说讲述的是工程师弗尔尚斯·比耶维纽监督巴黎地铁施工时为来自不同地区的工人在地铁通道里打架斗殴而烦恼不已。于是，他请求一位面包师制作一种形状较长的面包（为的是遵循面包的重量要求），并且该面包无需用刀即可折断，如此便可避免长形面包成为地铁通道里的潜在斗殴武器。

制作 5 个日常法棍面包

搅拌材料

普通面粉 T55	1000 克
水	620 克
盐	18 克
发酵粉	10 克
发酵面团	150 克

制作方法

基础温度	50~54℃。
材料混合	使用螺旋和面机将面粉与水混合于搅拌缸内。
和面	一级速度约 3 分钟。
水解	30 分钟。
混合	添加盐、发酵粉以及发酵面团。
和面	二级速度约 8 分钟。
面团黏度	中种面团。
面团温度	23℃。
基础发酵	约 20 分钟。
面团称重	335 克的生面团。
面团成形	将面团揉成椭圆形。
醒发	约 30 分钟。
整形	整形为法棍面包坯。 将法棍面包坯置于烘焙纸上，接缝处向下。
二次发酵	约 12 小时，温度为 8℃。
割口	7 个割口。
面包烘烤	使用 250℃平炉烘烤约 20 分钟。
冷却排气	放在烤盘上进行冷却排气。

传统法棍面包（法兰西岛）

尽管这款面包参考了不规则蜂房状夹心面包的制作方法，但其起源相对较近。这款传统法棍面包于1993年发明，它的出现促进了已陷入大超市不正当竞争的法国手工面包业的新发展。这款面包的制作需基于可为其提供独一无二味道的液态酵母。它的构成以及制作需遵守法令（1993年9月13日编号为93－1074的法令）规定的严格标准。

制作 5 个传统法棍面包

搅拌材料

法国传统面粉 T65	1000 克
水	650 克
盐	19 克
发酵粉	7 克
液态酵母	100 克

搅拌结束

水（分次加水）	适量

制作方法

基础温度 56~60℃。
材料混合 使用螺旋和面机将面粉与水混合于搅拌缸内。
和面 一级速度约 3 分钟。
水解 至少 1 小时。
混合 添加盐、发酵粉以及液态酵母。
和面 一级速度约 8 分钟，其次使用二级速度和面 1 分钟。
面团黏度 将面团揉至柔韧的程度。
面团温度 23℃。
基础发酵 首先发酵约 1 小时，然后发酵 12 小时，温度为 3℃。
翻转 基础发酵 1 小时后进行。
面团称重 可制作 5 个单个重量为 335 克的生面团。
面团成形 椭圆形。
醒发 约 45 分钟。
整形 整形为棍子面包。
将棍子面包置于撒有面粉的烘焙纸上，接缝处向上。
二次发酵 约 1 小时。
割口 5 个割口。
面包烘烤 使用 250℃平炉烘烤约 20 分钟。
冷却排气 放在烤盘上进行冷却排气。

博凯尔面包（朗格多克 - 鲁西荣）

源自朗格多克-鲁西荣的这款面包由博凯尔地区祖辈面包师发明制作。它的起源可追溯至15世纪。面包内馅较软，以其蜂窝状的面包夹心以及较薄的硬壳为特色。

制作 5 个博凯尔面包

搅拌材料

法国传统面粉 T65	900 克
黑麦面粉 T170	100 克
水	570 克
盐	25 克
发酵粉	5 克
液态酵母	600 克

制作方法

基础温度 56~60℃。
材料混合 使用螺旋和面机将所有搅拌材料混合于搅拌缸内。
和面 一级速度约 3 分钟。
揉面 一级速度约 7 分钟。
面团黏度 中种面团。
面团温度 23℃。
基础发酵 首先发酵约 1 小时 30 分钟，然后发酵 12 小时，温度为 3℃。
翻转 基础发酵 1 小时 30 分钟后进行。
整形 将面团置于撒了面粉的砧板上。
使用擀面杖将面团擀成 30 厘米 ×40 厘米的矩形。
轻压矩形面团的底边。使用擀面杖轻擀其余部分。
用水浸湿矩形面团的中心部分，随后将面团四周较高部分压于水浸湿的中心部分。
将面团置于撒有面粉的砧板上。
二次发酵 约 30 分钟。
分割 使用刀具将面团分割为 5 个宽约 6 厘米的面团棒，并将面团搓成枣核形。将其置于操作台之上。
面包烘烤 使用 250℃平炉烘烤约 40 分钟，烘烤温度递减。
冷却排气 放在烤盘上进行冷却排气。

洛代夫面包（朗格多克 - 鲁西荣）

这款面包诞生于朗格多克-鲁西荣，是该地区的小镇洛代夫的特产面包。按照传统做法，制作这款面包时不称重、不整形，且要将面包坯做到最小。面包中含的丰富水分使其内馅柔韧且呈蜂窝状。在以前，这款面包的价格通过白色粉状物直接标示在其外壳上。

制作 5 块洛代夫面包

搅拌材料

法国传统面粉 T65	1000 克
水	550 克
盐	25 克
发酵粉	5 克
液态酵母	600 克

搅拌结束

水（分次加水）	100 克

制作方法

基础温度 52~56℃。
材料混合 使用螺旋和面机将所有搅拌材料混合于搅拌缸内。
和面 一级速度约 3 分钟。
揉面 二级速度约 5 分钟。
混合 分次添加少许水。
面团黏度 将面团揉至柔韧的程度。
面团温度 23℃。
基础发酵 首先发酵约 1 小时 30 分钟，然后发酵 12 小时，温度为 3℃。
翻转 基础发酵 1 小时 30 分钟后进行。
整形 将面团置于砧板上，擀成长方形。卷起，形成长形面团。使用撒了面粉的烘焙纸将长形面团包住并确保面团状态良好。
醒发 约 1 小时。
分割 使用面包刀分割出 5 个同等大小的三角形，并将其倾斜置于撒了面粉的烘焙纸上，切口向上。
二次发酵 约 30 分钟。
面包烘烤 使用 250℃平炉烘烤约 35 分钟。
冷却排气 放在烤盘上进行冷却排气。

布里面包（诺曼底）

布里面包夹心呈白色、结构紧实，它的烘焙历史可追溯至14世纪的诺曼底。这款面包又称“水手的面包”，可长时间保存，因此在渔民以及海边居民中大受欢迎。

制作 8 块布里面包

搅拌材料

法国传统面粉 T65	1000 克
水	150 克
盐	18 克
发酵粉	15 克
发酵面团	2750 克
黄油	150 克

制作方法

基础温度 70~74℃。
材料混合 使用螺旋和面机将所有搅拌材料混合于搅拌缸内。
和面 一级速度约 6 分钟。
揉面 二级速度约 6 分钟。
面团黏度 将面团揉至较硬的程度。
面团温度 23℃。
基础发酵 约 15 分钟。
面团称重 500 克的生面团。
面团成形 将面团揉圆。
醒发 约 15 分钟。
整形 整形为半千克重的花式面包，并将其置于烘焙纸上，面团接口处向下。
二次发酵 约 2 小时（将半千克重的花式面包覆盖遮住，以避免面团表层变硬）。
割口 先在正中间割 1 个割口，再在左右两侧各割 3 个平行割口。
面包烘烤 使用 240℃平炉烘烤约 25 分钟，使面包内部较湿润。
冷却排气 放在烤盘上进行冷却排气。

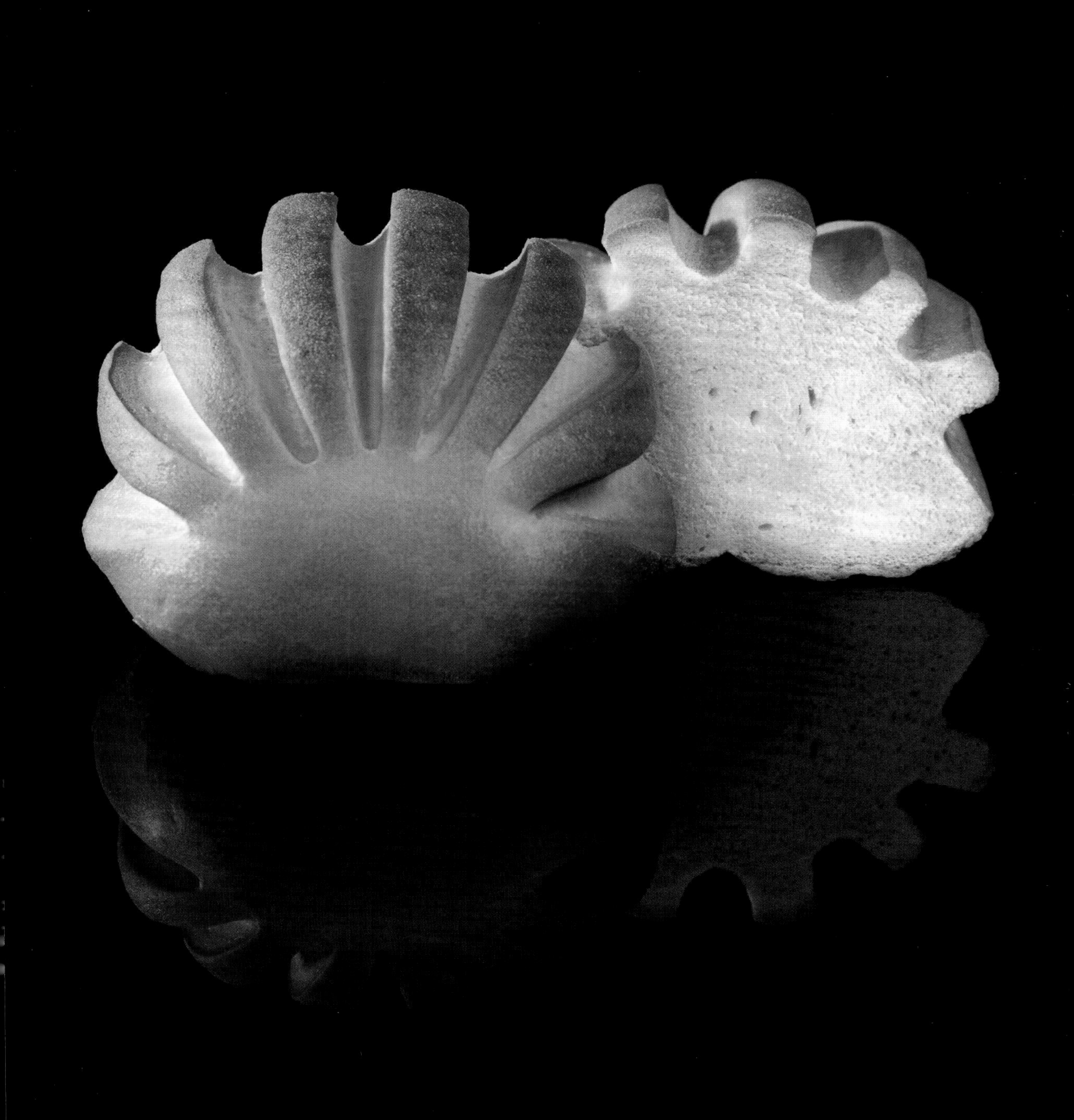

预热蒜味面包

这款源自法国卢瓦尔河地区的面包的制作灵感源自面包师遗忘在烤箱内的一小块试温面团。由于面包师是在烘烤面包前将面团置于烤箱内，因此其名中含有“预热”二字。为了避免浪费、满足烤箱前耐心等待着的美食爱好者，通常趁热在面包上涂抹黄油以及蒜蓉食用。

制作 6 块预热蒜味面包

搅拌材料

法式传统面包面团	
法国传统面粉 T65	1000 克
水	600 克
盐	21 克
发酵粉	7 克
液态酵母	250 克

搅拌结束

水（分次加水）	50 克

黄油大蒜

黄油	500 克
去芽蒜蓉	125 克
盐	15 克
香菜	15 克

黄油大蒜的配制

使用铺有玻璃纸的搅拌器将黄油打成膏状，添加蒜蓉、盐以及香菜进行搅拌。

制作方法

基础温度 56~60℃。
材料混合 使用螺旋和面机将面粉以及水混合于搅拌缸内。
和面 一级速度约 3 分钟。
水解 约 1 小时。
混合 添加盐、发酵粉以及液态酵母。
揉面 首先使用一级速度揉面约 5 分钟，然后使用二级速度揉面约 2 分钟。
混合 分次添加少量水。
面团黏度 中种面团。
面团温度 23℃。
基础发酵 约 1 小时 15 分钟。
称重 320 克的生面团。
面团成形 将面团揉成圆形。
醒发 约 15 分钟。
整形 将面团整形为较短的棍子状，并置于烘焙纸上，接缝处朝下。
二次发酵 约 45 分钟。
面包烘烤 使用 250℃平炉烘烤约 12 分钟。
冷却排气 放在烤盘上进行冷却排气。
面包组合 棍子状面包冷却后，一切为二。每个切面上涂 50 克黄油大蒜，随后将两个面包合在一起。品尝面包之前，将其置于烘焙纸内并在 200℃的温度下加热 10 分钟，注意需在加热 5 分钟后翻面加热，以使黄油可深入渗透至两个切面。

颈圈面包（普瓦图-夏朗德）

这款源自普瓦图-夏朗德地区的面包形状令人联想起马的颈圈。可通过两种方式制作此面包：制作一个中心裂开的、在特制的发酵篮（颈圈面包专用发酵篮）中进行二次发酵的面包，或者制作两端相接的两个长棍面包。

制作 4 块颈圈面包

搅拌材料

法国传统面粉 T65	900 克
黑麦面粉 T170	100 克
水	650 克
盐	21 克
发酵粉	5 克
液态酵母	300 克

搅拌结束

水（分次加水）	50 克

制作方法

基础温度 56~60℃。

材料混合 使用螺旋和面机将所有搅拌材料混合于搅拌缸内。

和面 一级速度约 3 分钟。

揉面 二级速度约 5 分钟。

混合 必要时分次添加少量水。

面团黏度 面团柔韧。

面团温度 23℃。

基础发酵 首先发酵约 1 小时 30 分钟，其次发酵约 12 小时，温度为 3℃。

翻转 1 小时 30 分钟后。

称重 250 克的生面团。

面团成形 呈椭圆形，较松软。

醒发 约 1 小时。

整形 制作两个两端尖、较松软、长约 30 厘米的棍子面包。将两个棍子面包的两端处相接并置于撒了面粉的烘焙纸上，接口处撒以面粉。
将两个棍子面包的中间部分分开以便形成一个颈圈状。

二次发酵 约 1 小时 30 分钟。

割口 无割口，自然裂口。

面包烘烤 使用 250℃平炉烘烤约 30 分钟。

冷却排气 放在烤盘上进行冷却排气。

尼斯手状面包（尼斯）

这款面包源自位于普罗旺斯-阿尔卑斯-蓝色海岸大区的城市尼斯，其形状像是有四根手指的手，因此得名。同时，这款面包以“蒸蒸日上”之名著称，首次出现是在由罗伯特 · 杜瓦诺画的一幅毕加索肖像中。在意大利，可找到一款类似的面包，名为“似手面包 ”。

制作 4 块尼斯手状面包

搅拌材料

法国传统面粉 T65	1000 克
水	560 克
盐	20 克
发酵粉	10 克
液态酵母	150 克
橄榄油	80 克

制作方法

基础温度	54~ 58℃。
材料混合	使用搅拌器将所有搅拌材料混合于搅拌缸内。
和面	一级速度约 3 分钟。
揉面	二级速度约 5 分钟。
面团黏度	中种面团。
面团温度	23℃。
基础发酵	先发酵约 1 小时 30 分钟，再发酵约 12 小时，温度为 3℃。
翻转	基础发酵 1 小时 30 分钟后进行。
称重	450 克的生面团。
面团成形	面团呈椭圆形，较长。
醒发	约 1 小时。
整形	将面团擀成条状，约 100 厘米 ×15 厘米。切掉两端，搓成月牙状，折向中间部分。形成手状面包后置于烘焙纸上，接缝处向下。
二次发酵	约 1 小时。
面包烘烤	使用 250℃平炉烘烤约 25 分钟，面包内部较湿润。
冷却排气	放在烤盘上进行冷却排气。

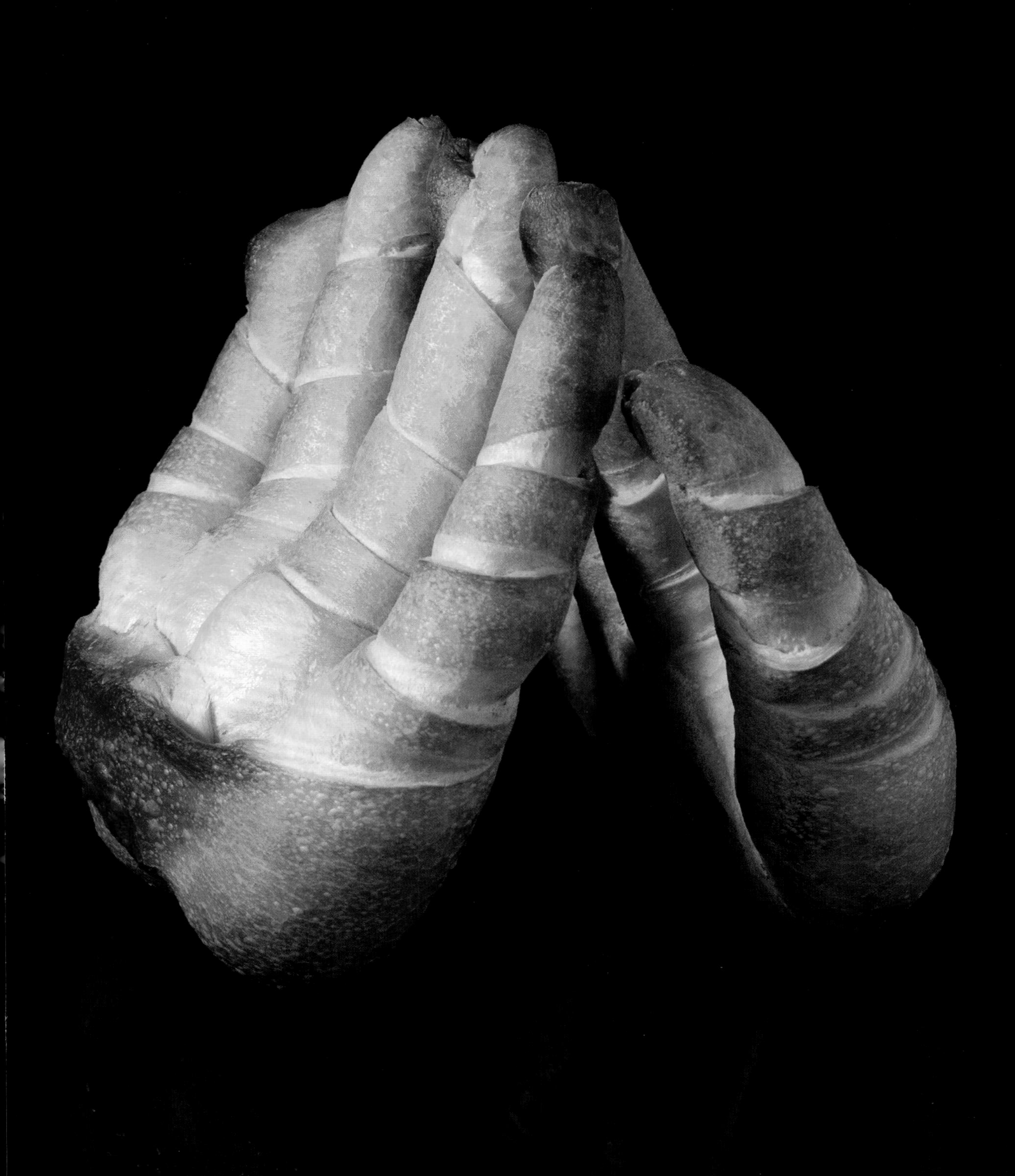

普罗旺斯香草面包（普罗旺斯-阿尔卑斯-蓝色海岸）

这款面包源自普罗旺斯-阿尔卑斯-蓝色海岸大区，在意大利十分常见，较普通、蜂窝状口感、形似棕榈叶。以前，这款面包用于测试木制烤箱的温度，其特征是易撕、适合分享食用，是宴饮时开胃酒的理想下酒美食。

制作 4 块普罗旺斯香草面包

搅拌材料

法国传统面粉 T65	1000 克
水	600 克
盐	21 克
发酵粉	7 克
液态酵母	250 克

搅拌结束

水（分次加水）	60 克
橄榄油（分次添加）	70 克

制作方法

基础温度 54~58℃。
材料混合 使用搅拌器将所有搅拌材料混合于搅拌缸内。
和面 一级速度约 3 分钟。
揉面 二级速度约 5 分钟。
混合 必要时分数次添加适量水，再添加适量橄榄油。
面团黏度 将面团揉至柔韧。
面团温度 23℃。
基础发酵 首先发酵约 1 小时 30 分钟，然后发酵约 12 小时，温度为 3℃。
翻转 基础发酵 1 小时 30 分钟后进行。
称重 500 克的生面团。
面团成形 将面团揉成水滴状。
醒发 约 2 小时。
整形 将一薄板置于入炉带下方，并在入炉带上轻压生面团，划出七个割口，将割口分开，整形成棕榈叶状。
面包烘烤 使用 260℃平炉烘烤约 14 分钟。
冷却排气 放在烤盘上进行冷却排气。

里昂皇冠面包（罗讷-阿尔卑斯）

这款源自里昂（罗讷-阿尔卑斯）的皇冠面包以小麦面粉为原料进行制作。这款面包的独特性是在烘烤过程中保留于面包表面的缺口处以及接缝处。

制作 1 块里昂皇冠面包（1650 克面团）

搅拌材料

农夫面包专用面团	
法国传统面粉 T65	800 克
小麦面粉 T150	200 克
水	650 克
盐	20 克
发酵粉	5 克
发酵面团	150 克
固态酵母	150 克

搅拌结束

水（分次加水）	适量

制作方法

基础温度 56~60℃。
材料混合 使用螺旋和面机将所有材料混合于搅拌缸内。
和面 一级速度约 3 分钟。
揉面 首先使用一级速度揉面约 8 分钟，然后使用二级速度揉面约 2 分钟。
混合 必要时分次添加水。
面团黏度 中种面团。
面团温度 23℃。
基础发酵 约 1 小时 30 分钟。
称重 1650 克的生面团。
面团成形 将面团揉圆。
醒发 约 40 分钟。
整形 将面团制成直径为 32 厘米的皇冠状，轻轻在其表面撒上黑麦面粉，使用指尖轻压面团，使面团表面出现褶皱。
将其置于直径为 37 厘米的皇冠状面包专用发酵篮内，接缝处向上。
二次发酵 约 12 小时，温度为 5℃。
割口 无割口，褶皱处自然裂开。
装饰 在操作台上，使用滤筛为皇冠面粉撒上面粉。
面包烘烤 使用 250℃平炉烘烤约 50 分钟，温度递减。
冷却排气 放在烤盘上进行冷却排气。

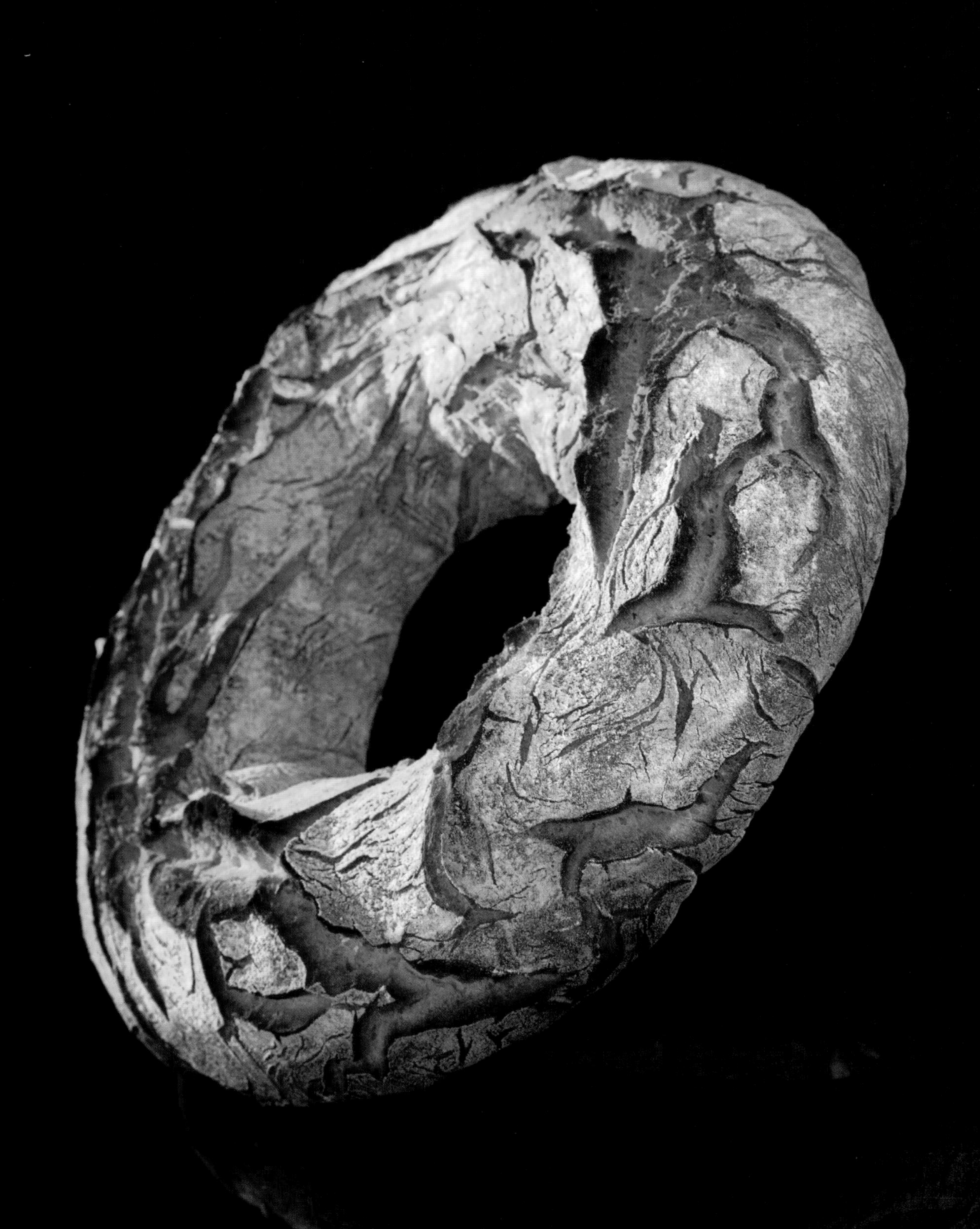

· PAINS DU MONDE ·

世界面包

椒盐卷饼（德国）

源自德国的椒盐卷饼以其套环状的外形为特色，是德国圣诞市场的标志性商品。制作时，通常会在面包表面撒上粗盐，这款面包非常有名且在啤酒节时大受欢迎。

制作 18 块椒盐卷饼

搅拌材料

普通面粉 T55	1000 克
牛奶	500 克
盐	20 克
细砂糖	20 克
发酵粉	35 克
液态酵母	250 克
黄油	150 克
葵花子油	50 克

装饰物

卷饼专用溶液	适量
盐之花	20 克
芝麻	80 克

制作方法

基础温度 46~50℃。
材料混合 使用搅拌器将搅拌材料混合于搅拌缸内。
和面 一级速度约 3 分钟。
揉面 二级速度约 8 分钟。
面团黏度 中种面团。
面团温度 23℃。
基础发酵 约 5 分钟。
面团称重 110 克的生面团。
面团成形 将面团揉成椭圆状。
醒发 约 10 分钟。
整形 套环状。
二次发酵 首先发酵约 15 分钟，再发酵 1 小时，温度为 3℃。
装饰 将椒盐卷饼置于专用溶液中，随后将水沥干并置于铺有烘焙纸且预先已涂油的烤盘上。
割口 削去面团较高的部分。
装饰 在表面撒上芝麻以及盐之花。
面包烘烤 使用 220℃平炉烘烤约 15 分钟。
冷却排气 放在烤盘上进行冷却排气。

德式土豆面包（德国）

德式土豆面包的发明者是安东尼·奥古斯丁·帕门蒂埃。他努力寻求办法以解决那个时代的饥荒。第一次世界大战期间，在德国营地，俘虏们被提供土豆面包或“K.K面包”（即战争时期以土豆为原料制作的面包）。如今，这款清淡可口且易保存的面包在德国深受喜爱。

制作 4 块德式土豆面包

搅拌材料

法国传统面粉 T65	775 克
土豆片	125 克
小麦面粉 T150	100 克
水	900 克
盐	23 克
发酵粉	8 克
固态酵母	300 克

搅拌结束

水（分次加水）	100 克

制作方法

基础温度 60~64℃。
材料混合 使用螺旋和面机将所有材料混合于搅拌缸内。
和面 一级速度约 3 分钟。
揉面 二级速度约 8 分钟。
混合 分次添加少量水。
面团黏度 将面团揉至柔韧。
面团温度 23℃。
基础发酵 约 1 小时 30 分钟。
面团称重 580 克的生面团。
面团成形 将面团揉圆。
醒发 约 30 分钟。
整形 将面团整形为 0.5 千克重的长条状花式面包坯并将其置于撒有面粉的烘焙纸上，接缝处向上。
二次发酵 约 12 个小时，温度为 5℃。
割口 4 个割口。
面包烘烤 使用 250℃平炉烘烤约 35 分钟，温度递减。
冷却排气 放在烤盘上进行冷却排气。

夹心面包（英国）

源自英国的夹心面包以其内部细腻且规则的夹心为特色。起初，这款面包主要用于制作轻撒于肉类表面的面包屑，随后英国人用其制作三明治而迅速闻名。历史上，英国肯特郡沙土镇这座小城的第四代伯爵，即约翰·孟塔古伯爵，迷恋于赌玩扑克牌，他令管家制作一款可边赌边吃的点心。他提出在当时比较新颖的做法，即将两片涂有黄油的夹心面包堆叠于一起，并在两片面包之间加入肉片。

制作 5 块夹心面包

烫煮小麦面粉的材料

普通面粉 T55	160 克
100℃的水	320 克

搅拌材料

普通面粉 T55	840 克
烫煮过的小麦面粉	480 克
牛奶	290 克
盐	20 克
细砂糖	110 克
发酵粉	35 克
黄油	50 克

烫煮小麦面粉

制作面包前夜，使用搅拌器将小麦面粉以及沸水混合。静置冷却，保持温度在 3℃。

制作方法

基础温度 50~54℃。
材料混合 使用搅拌器将搅拌材料混合于搅拌缸内。
和面 一级速度约 3 分钟。
揉面 二级速度约 8 分钟。
面团黏度 将面团揉至较硬的程度。
面团温度 23℃。
基础发酵 约 15 分钟。
面团称重 175 克的生面团。
面团成形 将面团揉圆。
醒发 约 45 分钟。
整形 将面团排气后折叠，在另一侧挤压面团使其成矩形状。根据矩形长边的方向将面团卷起并置于预先已涂油的面包模具中，模具尺寸为 18 厘米 ×8 厘米 ×8 厘米。
二次发酵 约 1 小时 45 分钟。
面包烘烤 使用 185℃平炉烘烤约 25 分钟。
冷却排气 放在烤盘上进行冷却排气。

皇帝面包（奥地利）

这款源自奥地利的面包同样以凯撒大帝面包之名而著名，以其特别且复杂的外形为特征，据传其似风车的外形代表着皇冠的五根珠帘。现如今，通常使用专用模具制作这款面包，并在烤箱内烘烤。

制作 4 块皇帝面包

搅拌材料

法国传统面粉 T65	850 克
小麦面粉 T150	150 克
水	650 克
盐	22 克
发酵粉	5 克
液态酵母	300 克

搅拌结束

水（分次加水）	50 克

制作方法

基础温度 56~60℃。
材料混合 使用螺旋和面机将所有搅拌材料混合于搅拌缸内。
和面 一级速度约 3 分钟。
揉面 二级速度约 5 分钟。
混合 分次添加少量水。
面团黏度 将面团揉至柔韧。
面团温度 23℃。
基础发酵 首先发酵约 1 小时 30 分钟，再次发酵约 12 小时，温度为 3℃。
翻转 基础发酵 1 小时 30 分钟之后进行。
面团称重 500 克的生面团。
面团成形 将面团揉成较松软的圆面团。
醒发 约 1 小时 15 分钟。
整形 将面团排气并制成直径为 18 厘米的圆盘状面团。
使用擀面杖轻轻碾压圆盘状面团左侧部分（约四分之一）。
将被碾压的部分折叠于面团中心之上并将左手大拇指（对于惯用右手的人来说）置于面团中心。左手大拇指保持位置不变的同时，使用右手轻压高出左手大拇指位置的部分面团，并将其圆盘状面团叠紧实。顺时针方向继续 4 次同样的操作。最后一次折叠，可将左手大拇指移开，将被折叠的面团置于拇指腾出的空心位置。
将面包置于藤条发酵篮内，接缝处向上。
二次发酵 约 1 小时 30 分钟。
面包烘烤 使用 250℃平炉烘烤约 40 分钟，温度递减。
冷却排气 放在烤盘上进行冷却排气。

维也纳面包（奥地利）

这款奥地利的面包与法国棍子面包的区别在于其制作过程中添加了牛奶、食用油脂以及糖。1840年，奥地利军官奥古斯特·臧将这款面包带到了巴黎。当时，这款面包的制作材料为精白面粉。

制作 21 块维也纳面包

搅拌材料

普通面粉 T55	1000 克
水	275 克
牛奶	275 克
盐	18 克
细砂糖	100 克
发酵粉	30 克
维也纳发酵面团	250 克
黄油	150 克

制作方法

基础温度	48~52℃。
材料混合	使用搅拌器将所有搅拌材料混合于搅拌缸内。
和面	一级速度约 3 分钟。
揉面	二级速度约 8 分钟。
面团黏度	中种面团。
面团温度	23℃。
基础发酵	约 45 分钟。
面团称重	100 克的生面团。
面团成形	将面团揉圆。
醒发	1 小时，温度为 3℃。
整形	将面团拉长为椭圆形。
涂蛋液	鸡蛋液。
割口	大面包割口。
二次发酵	首先发酵约 12 小时（温度为 3℃），其次发酵约 3 小时（温度为 27℃）。
涂蛋液	鸡蛋液。
面包烘烤	使用 200℃平炉烘烤约 15 分钟。
冷却排气	放在烤盘上进行冷却排气。

贝果面包（加拿大）

源自东欧的这款面包由犹太移民引入北美，以其环状的外形以及需要两次加热为特征：第一次烘烤需置于沸水中快速加热，第二次是置于烤箱进行烘烤。同时，这款面包的一大特色就是具有光泽的外壳。

制作 17 块贝果面包

搅拌材料

材料	用量
精白面粉	1000 克
水	300 克
牛奶	300 克
盐	20 克
蜂蜜	15 克
发酵粉	10 克
固态酵母	200 克
黄油	70 克

装饰物

材料	用量
蛋白	适量
芝麻	适量

制作方法

基础温度 50~54℃。
材料混合 使用搅拌器将搅拌材料混合于搅拌缸内。
和面 一级速度约 3 分钟。
揉面 二级速度约 8 分钟。
面团黏度 中种面团。
面团温度 23℃。
基础发酵 约 10 分钟。
面团称重 110 克的生面团。
面团成形 将面团揉成椭圆状。
醒发 约 10 分钟。
整形 将面团整形为圆柱形，将其两端向中间对折成直径约 10 厘米的圆形贝果面包，并置于烘焙玻璃纸上。
二次发酵 约 45 分钟。
烫洗 将贝果面包置于沸水中，煮其正、反面各约 45 秒。
装饰 为贝果面包涂蛋白并置于铺有烘焙纸的烤盘上。
面包烘烤 使用 220℃平炉烘烤约 16 分钟。
冷却排气 放在烤盘上进行冷却排气。

馒头（中国）

这款特殊的面包呈白色、无硬壳，以小麦面粉为原料并采用蒸熟的烹饪方法。馒头的传统食用法是就着肉和菜同吃，并可在馒头中心添加其他辅料。

制作 31 个馒头

搅拌材料

法国传统面粉 T65	1000 克
水	550 克
盐	18 克
细砂糖	50 克
发酵粉	25 克
泡打粉	15 克
发酵面团	1000 克
豆油	25 克

制作方法

基础温度	60~64℃。
材料混合	使用搅拌器将所有搅拌材料混合于搅拌缸内。
和面	一级速度约 3 分钟。
揉面	二级速度约 5 分钟。
面团黏度	将面团揉至较硬的程度。
面团温度	23℃。
基础发酵	约 10 分钟。
面团称重	85 克的生面团。
面团成形	将面团揉圆。
醒发	约 15 分钟。
整形	揉圆，并置于铺有烘焙纸的烤盘上。
二次发酵	约 30 分钟，温度为 27℃。
面包烘烤	使用 100℃蒸汽炉热蒸约 12 分钟。
冷却排气	放在烤盘上进行冷却排气。

黄油黑麦面包（丹麦）

这款黄油黑麦面包富含多种谷物子，是丹麦比较有代表性的面包。它是制作家常丹麦美食开放式三明治的必备品。黄油黑麦面包另一个显著的特点是这款面包可长时间保存并可再利用作为制作谷香土豆片的食材。

制作 9 块黄油黑麦面包

溶解材料

黑麦面粉 T170	500 克
12℃的水	500 克
黑麦芽	20 克
固态酵母	10 克

谷物子的混合

燕麦片	500 克
葵花子	500 克
金色亚麻子	300 克
60℃的水	1200 克

搅拌材料

小麦面粉 T150	400 克
法国传统面粉 T65	300 克
黑麦面粉 T170	150 克
水	750 克
盐	50 克
发酵粉	10 克
发酵面团	400 克
溶解后的面团	1030 克
黄油	适量

搅拌结束

谷物子混合物	2500 克

装饰物

燕麦片	适量

溶解酵母的配制

使用搅拌器一级速度将所有溶解材料混合并搅拌 6 分钟。
常温下静置发酵约 15 小时，温度递减。

谷物子混合物的配制

将所有谷物材料混合在一起并静置 1 小时。

制作方法

基础温度 72~76℃。
材料混合 使用搅拌器将所有搅拌材料混合于搅拌缸内。
和面 一级速度约 3 分钟。
揉面 二级速度约 6 分钟。
混合 添加谷物子的混合物。
面团黏度 将面团揉至变得柔韧且有黏性。
面团温度 35℃。
基础发酵 约 1 小时 30 分钟。
面团称重 使用工具将 600 克面团置于预先已涂油的模具中，模具尺寸为 18 厘米 ×8 厘米 ×8 厘米。
装饰 使用湿手处理面团表面使其光滑无孔，并撒上燕麦片。
二次发酵 约 1 小时 15 分钟。
面包烘烤 使用 240℃平炉烘烤约 50 分钟，温度递减。
冷却排气 放在烤盘上进行冷却排气。

小圆包（美国）

源自德国汉堡的小圆包与汉堡包紧密相连，是制作著名的三明治的基本食材。这款外圆内酥的小面包上时常点缀着白芝麻。如今，小圆包已成为美国饮食文化的象征并在全世界迅速传播。

制作 20 个小圆包

搅拌材料

普通面粉 T55	1000 克
水	250 克
牛奶	270 克
盐	18 克
细砂糖	80 克
发酵粉	30 克
维也纳发酵面团	375 克
黄油	200 克

装饰物

白芝麻	适量

制作方法

基础温度 48~52℃。
材料混合 使用搅拌器将所有搅拌材料混合于搅拌缸内。
和面 一级速度约 3 分钟。
揉面 二级速度约 8 分钟。
面团黏度 中种面团。
面团温度 23℃。
基础发酵 约 5 分钟。
面团称重 110 克的生面团。
面团成形 面团揉圆。
装饰 将揉圆后的面团表面打湿，随后置于芝麻中蘸满芝麻并将其置于铺有烘焙纸的烤盘上。
二次发酵 约 2 小时，温度为 27℃。
面包烘烤 使用 200℃平炉烘烤约 15 分钟。
冷却排气 放在烤盘上进行冷却排气。

英吉拉（埃塞俄比亚）

源自埃塞俄比亚的英吉拉是直径为35~50厘米的薄饼，由苔麸制成，无咸味。制作英吉拉需使用大尺寸的平底锅或英吉拉专用的烤炉。这款同时充当碟子和餐具的面包外形独特、味道香醇，是埃塞俄比亚许多菜肴的必备配食。

制作 20 块英吉拉

溶解材料

苔麸面粉	1000 克
25℃的水	1000 克
液态酵母	100 克

搅拌材料

35℃水	1000 克
发酵粉	20 克
溶解后的面团	2100 克

溶解酵母的配制

使用铺有玻璃纸的搅拌器一级速度将所有材料混合并搅拌 3 分钟。
静置发酵 12 小时。

制作方法

基础温度 76~80℃。
材料混合 使用带有搅拌棒的搅拌器将所有搅拌材料混合于搅拌缸内。
和面 一级速度约 3 分钟。
揉面 首先使用一级速度揉面约 2 分钟，其次使用二级速度揉面 1 分钟。
面团黏度 将面团揉成液态面团。
面团温度 28℃。
二次发酵 约 3 小时。
面包烘烤 将 150 克液态面团倒入已预热并涂油的平底锅中。
待液态面团凝固，盖上平底锅静置 1 分钟，以避免面团粘锅。
冷却排气 置于两块蒸笼布中间进行冷却。

夏巴塔面包（意大利）

源自意大利的夏巴塔面包在多个国家闻名，其特征是面团的高含水量，这款面团还含有橄榄油成分。极高温下的烘焙使夏巴塔面包表层壳薄且脆、面包心呈大蜂窝状。这是一款日常必备的面包，广泛应用于三明治的制作。

制作 6 块夏巴塔面包

醒发材料

法国传统面粉 T65	1000 克
水	600 克
盐	22 克
发酵粉	7 克
液态酵母	300 克

搅拌结束

水（分次加水）	120 克
橄榄油（分次加油）	70 克

制作方法

基础温度 54~58℃。

材料混合 使用搅拌器将所有搅拌材料混合于搅拌缸内。

和面 一级速度约 3 分钟。

揉面 首先使用二级速度揉面约 5 分钟，然后使用三级速度揉面 1 分钟。

混合 分次逐渐添加水和橄榄油。

面团黏度 将面团揉至柔韧的程度。

面团温度 23℃。

基础发酵 首先发酵约 1 小时 30 分钟，然后发酵 12 小时，温度为 3℃。

翻转 基础发酵 1 小时 30 分钟后进行。

整形 将面团置于撒了面粉的砧板上。用手压面团将其整形为矩形状。使用小刀分割出 6 个同等大小的矩形并将其置于撒了面粉的烘焙纸上，接缝处向上。

二次发酵 约 30 分钟。

面包烘烤 使用 260℃平炉烘烤约 14 分钟。

冷却排气 放在烤盘上进行冷却排气。

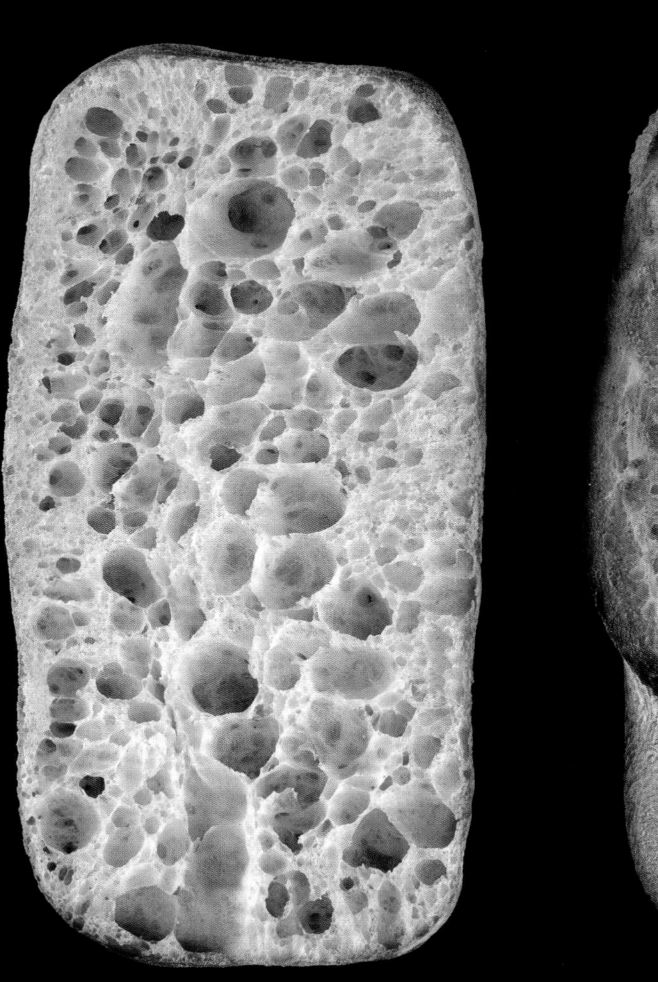
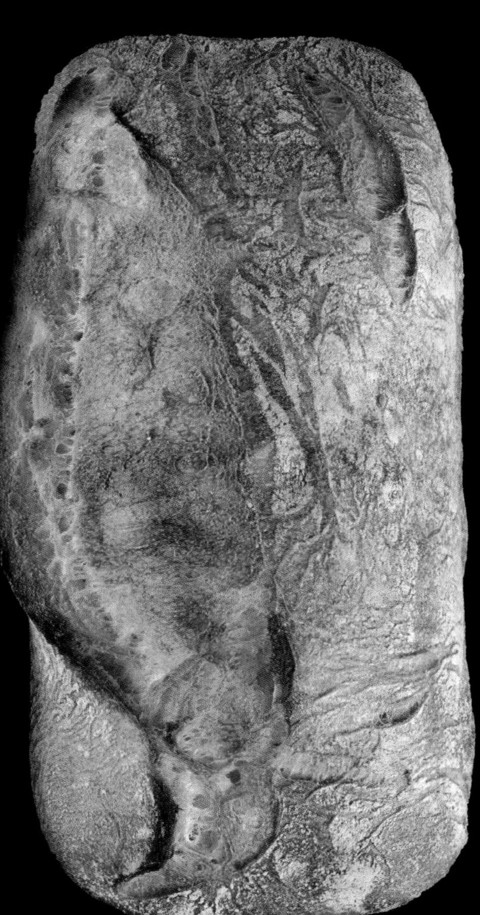

佛卡夏面包（意大利）

诞生于意大利的这款扁平面包明显的特征是非常柔软，制作的秘诀就是在于材料搅拌过程中添加了橄榄油。在意大利，佛卡夏面包已有了不同制作方法：有时会在面包上装饰盐、新鲜的番茄以及芳香草，而有时会在面包上装饰着洋葱、奶酪、肉或蔬菜。甚至在一些地区，制作的过程中会使用糖，从而使面包变得更加香甜。

制作 4 块佛卡夏面包

搅拌材料

材料	用量
法国传统面粉 T65	875 克
土豆片	125 克
水	700 克
盐	20 克
发酵粉	7 克
液态酵母	150 克

搅拌结束

材料	用量
水（分次加水）	50 克
橄榄油（分次加油）	75 克

装饰物

材料	用量
橄榄油	适量
盐之花	适量

制作方法

基础温度 54~56℃。
材料混合 使用搅拌器将搅拌材料混合于搅拌缸内。
和面 一级速度约 3 分钟。
揉面 二级速度约 6 分钟。
混合 分次逐渐添加水和橄榄油。
面团黏度 将面团揉至柔韧的程度。
面团温度 23℃。
基础发酵 首先发酵约 2 小时，然后发酵 12 小时，温度为 3℃。
翻转 基础发酵 1 小时后进行。
面团称重 500 克的生面团。
整形 将面团制成 10 厘米 × 34 厘米的矩形状面团并置于铺有已涂油的烘焙纸的烤盘上。
二次发酵 约 1 小时 30 分钟。
装饰 用沾了油的手指在面团上戳几个小孔，并轻轻撒上盐之花。
面包烘烤 使用 250℃平炉烘烤约 14 分钟。
冷却排气 放在烤盘上进行冷却排气。

曼拉克什饼（黎巴嫩）

源自黎巴嫩的这款面饼由发酵面团平铺后涂上橄榄油并撒上香料制成。食用时，将其对折，可与洋葱、番茄以及黄瓜同食。这款面饼制作简单，价格低廉，在黎巴嫩以及整个中东地区很受欢迎，人们的日常三餐中曼拉克什饼必不可少。

制作 14 块曼拉克什饼

搅拌材料

材料	用量
法国传统面粉 T65	1000 克
水	550 克
盐	20 克
蜂蜜	10 克
发酵粉	10 克
液态酵母	100 克
橄榄油	50 克

装饰物

材料	用量
香料	140 克

香料

材料	用量
百里香	12 克
漆树粉	4 克
炒熟的白芝麻	12 克
橄榄油	120 克
盐	2 克
黄柠檬皮	1/4 个

香料的配制

将制作香料时所需的所有材料混合在一起。

制作方法

基础温度 56~60℃。
材料混合 使用搅拌器将搅拌材料混合于搅拌缸内。
和面 一级速度约 3 分钟。
揉面 二级速度约 3 分钟。
面团黏度 将面团揉至较硬的程度。
面团温度 24℃。
基础发酵 约 1 小时。
面团称重 120 克的生面团。
面团成形 将面团搓圆。
醒发 首先醒发约 30 分钟，然后醒发约 1 小时，温度为 3℃。
整形 使用机器将面团压成直径为 24 厘米的圆盘状。
装饰 在操作台上为圆盘状面团撒上香料。
面包烘烤 使用 280℃平炉烘烤约 3 分钟。
冷却排气 置于两块蒸笼布中间进行冷却。

玉米饼（墨西哥）

这款源自墨西哥的面饼起初由玉米粉制成，近些年，制作原料改为小麦粉。在墨西哥美食文化中，这款饼无处不在，食用历史可追溯至几千年前。食用玉米饼时，可在其中卷入各类蔬菜。

制作 13 块玉米饼

搅拌材料

法国传统面粉 T65	1000 克
水	335 克
盐	18 克
蜂蜜	95 克
泡打粉	5 克
液态酵母	200 克
葵花子油	130 克

制作方法

基础温度	54~58℃。
材料混合	使用搅拌器将搅拌材料混合于搅拌缸内。
和面	一级速度约 3 分钟。
揉面	二级速度约 6 分钟。
面团黏度	将面团揉至较硬的程度。
面团温度	24℃。
基础发酵	无需发酵。
面团称重	130 克的生面团。
面团成形	将面团揉圆。
整形	使用机器将面团压制成厚度为 1 毫米且直径约为 35 厘米的面饼。
面包烘烤	在未涂油、已加热的平底锅中进行烘烤，面饼每个面烘烤约 10 秒钟。
冷却排气	置于两块蒸笼布中间进行冷却。

皮塔饼（中东地区）

诞生于中东地区的皮塔面包（或皮塔饼）是一款外圆内空的面包，可在其中添加肉类或蔬菜。皮塔饼又名黎巴嫩包、土耳其包、叙利亚包或阿拉伯包，同时又被称为中东大饼或街头饼。有时，人们又称之为“希腊包”，是因为许多餐厅将其当作制作三明治的必备品。

制作 19 块皮塔饼

搅拌材料

法国传统面粉 T65	1000 克
水	600 克
盐	20 克
发酵粉	7 克
液态酵母	150 克

搅拌结束

水（分次加入）	120 克
橄榄油（分次加入）	50 克

制作方法

基础温度	54~58℃。
材料混合	使用搅拌器将搅拌材料混合于搅拌缸内。
和面	一级速度约 3 分钟。
揉面	二级速度约 6 分钟。
混合	分次逐步添加少量水以及橄榄油。
面团黏度	将面团揉至柔韧的程度。
面团温度	23℃。
基础发酵	首先发酵约 1 小时，然后发酵 12 小时，温度为 3℃。
翻转	基础发酵 1 小时后进行。
面团称重	100 克的生面团。
面团成形	将面团揉圆。
醒发	约 2 小时。
整形	将面团排气，并压制成直径约为 16 厘米的圆盘状。
面包烘烤	使用 280℃平炉烘烤约 4 分钟。
冷却排气	置于两块蒸笼布中间进行冷却。

布列尼饼（俄罗斯）

布列尼饼是小且厚的饼，其形状与颜色与太阳相近。布列尼饼对于斯拉夫人来说有着宗教意义。通常，冬季尾声时，人们制作布列尼饼以迎接太阳的回归以及暖春的到来。这个风俗被东正教教会采用并延续至今。同时，为纪念逝者，人们在丧事当晚摆放布列尼饼。

制作 32 块布列尼饼

材料配制

材料	用量
法国传统面粉 T65	500 克
荞麦面粉	500 克
牛奶	1560 克
盐	18 克
发酵粉	40 克
蛋黄	240 克
蛋白	360 克

制作方法

使用搅拌器将除蛋白与蛋黄之外的材料混合在一起。
静置发酵约 1 小时。
将蛋黄与已混合的材料混合并发酵。
打发蛋白，并将其与已配制且发酵的材料混合在一起。
将直径为 12 厘米、用于制作布列尼饼的平底锅预热，涂上少许油。
向平底锅内倒入 100 克配制好的面糊。
将布列尼饼烤约 3 分钟，随后翻面。
继续烤约 2 分钟。
将布列尼饼置于烤盘上进行冷却。

· PAINS SPÉCIAUX ·

特色面包

谷物棍子面包

制作 6 根谷物棍子面包

搅拌材料

法国传统面粉 T65	1000 克
水	650 克
盐	19 克
发酵粉	7 克
液态酵母	100 克

搅拌结束

谷物混合物	200 克
水（分次加水）	适量

谷物混合物

芝麻	22 克
棕色亚麻子	22 克
金色亚麻子	22 克
小米	22 克
水	100 克

谷物混合物的配制

将谷物混合并使用 200℃风炉烘烤约 15 分钟。
将谷物混合物置于水中，保持其温度为 3℃。

制作方法

基础温度 56~60℃。
材料混合 使用螺旋和面机将面粉和水混合于搅拌缸内。
和面 一级速度约 3 分钟。
水解 至少 1 小时。
混合 添加盐、发酵粉以及液态酵母。
揉面 首先使用一级速度揉面约 8 分钟，然后使用二级速度揉面 1 分钟。
混合 首先添加谷物混合物，然后在必要时分次添加少量水。
面团黏度 将面团揉至柔韧的程度。
面团温度 23℃。
基础发酵 首先发酵约 1 小时，然后发酵 12 小时，温度为 3℃。
翻转 基础发酵 1 小时之后进行。
面团称重 300 克的生面团。
面团成形 将面团揉成椭圆状。
醒发 约 45 分钟。
整形 将面团整形成棍子状，并将其置于撒有面粉的烘焙纸上，割口处向上。
二次发酵 约 1 小时。
割口 1 个割口。
面包烘烤 使用 250℃平炉烤约 20 分钟。
冷却排气 放在烤盘上进行冷却排气。

芝麻棍子面包

制作 6 根芝麻棍子面包

搅拌材料		搅拌结束	
法国传统面粉 T65	1000 克	芝麻	120 克
水	650 克	水	50 克
盐	19 克	水（分次加水）	适量
发酵粉	7 克		
液态酵母	100 克		

芝麻子的配制

使用 200℃风炉烘烤芝麻约 15 分钟。
轻轻将 40 克熟芝麻搅拌混合。

制作方法

基础温度 56~60℃。
材料混合 使用螺旋搅拌器将面粉与水混合于搅拌缸内。
和面 一级速度约 3 分钟。
水解 至少 1 小时。
混合 添加盐、发酵粉以及液态酵母。
揉面 首先使用一级速度揉面 8 分钟，然后使用二级速度揉面约 1 分钟。
混合 首先添加烘烤后的芝麻、熟芝麻混合物以及 50 克的水，然后在必要时分次添加少量水。
面团黏度 将面团揉至柔韧的程度。
面团温度 23℃。
基础发酵 首先发酵约 1 小时，然后发酵 12 小时，温度为 3℃。
翻转 基础发酵 1 小时之后进行。
面团称重 300 克的生面团。
面团成形 将面团揉成椭圆形。
醒发 约 45 分钟。
整形 将面团制成棍状并将其置于撒有面粉的烘焙纸上，割口处向上。
二次发酵 约 1 小时。
割口 1 个大割口以及棍子面包顶端处的 3 个斜向平行小割口。
面包烘烤 使用 250℃平炉烘烤约 20 分钟。
冷却排气 放在烤盘上进行冷却排气。

农夫棍子面包

制作 6 根农夫棍子面包

搅拌材料

法国传统面粉 T65	850 克
黑麦面粉 T170	150 克
水	700 克
盐	18 克
发酵粉	6 克
发酵面团	250 克

搅拌结束

水（分次加水）	适量

制作方法

基础温度 62~66℃。
材料混合 使用螺旋搅拌器将搅拌材料混合于搅拌缸内。
和面 一级速度约 3 分钟。
揉面 一级速度约 8 分钟。
混合 在必要时分次添加少量水。
面团黏度 面团柔韧。
面团温度 23℃。
基础发酵 首先发酵约 1 小时，再发酵 12 小时，温度为 3℃。
翻转 基础发酵 1 小时之后进行。
面团称重 335 克的生面团。
面团成形 将面团揉成椭圆状。
醒发 约 45 分钟。
整形 将面团制成两端尖的棍子状并将其置于撒有面粉的烘焙纸上，接缝处向上。
二次发酵 约 1 小时。
割口 4 个割口。
面包烘烤 使用 250℃平炉烘烤约 20 分钟。
冷却排气 放在烤盘上进行冷却排气。

九孔棍子面包

制作 5 根九孔棍子面包

搅拌材料

普通面包的面团	
普通面粉 T55	1000 克
水	650 克
盐	18 克
发酵粉	10 克
发酵面团	200 克

制作方法

基础温度 50~54℃。
材料混合 使用螺旋搅拌器将面粉与水混合于搅拌缸内。
和面 一级速度约 3 分钟。
水解 30 分钟。
混合 添加盐、发酵粉以及发酵面团。
揉面 二级速度约 7 分钟。
面团黏度 中种面团。
面团温度 23℃。
基础发酵 约 45 分钟。
面团称重 5 个 200 克的生面团以及 5 个 150 克的生面团。
面团成形 将面团揉成椭圆状。
醒发 约 30 分钟。
整形 将200克的生面团制成60厘米长的棍状面包坯并置于烘焙纸上，接缝处向下。将棍子面包按扁。使用面包刀在棍子面包上割 9 个 11 厘米的斜向切口并打开。将 150 克的生面团制成 35 厘米的棍状面包坯并使用剪刀将其分割为 9 块面团。将面团置于棍子面包的每个切口。
二次发酵 约 1 小时 30 分钟。
面包烘烤 使用 250℃平炉烘烤约 15 分钟。
冷却排气 放在烤盘上进行冷却排气。

乡村棍子面包

制作 6 根乡村棍子面包

搅拌材料

法国传统面粉 T65	850 克
纯双粒小麦面粉	150 克
水	650 克
盐	20 克
发酵粉	6 克
液态酵母	150 克

搅拌结束

水（分次加水）	适量

制作方法

基础温度 62~66℃。
材料混合 使用螺旋搅拌器将搅拌材料混合于搅拌缸内。
和面 一级速度约 3 分钟。
揉面 一级速度约 8 分钟。
混合 必要时分次添加少量水。
面团黏度 中种面团。
面团温度 23℃。
基础发酵 首先发酵约 1 小时 30 分钟，再发酵 12 小时，温度为 3℃。
翻转 基础发酵 1 小时 30 分钟后进行。
面团称重 300 克的生面团。
面团成形 将面团揉成椭圆状。
醒发 约 1 小时。
整形 将面团制成棍子状面包坯并将其置于撒有面粉的烘焙纸上，接缝处向上。
二次发酵 约 1 小时。
割口 波尔卡割口。
面包烘烤 使用 250℃平炉烘烤约 20 分钟。
冷却排气 放在烤盘上进行冷却排气。

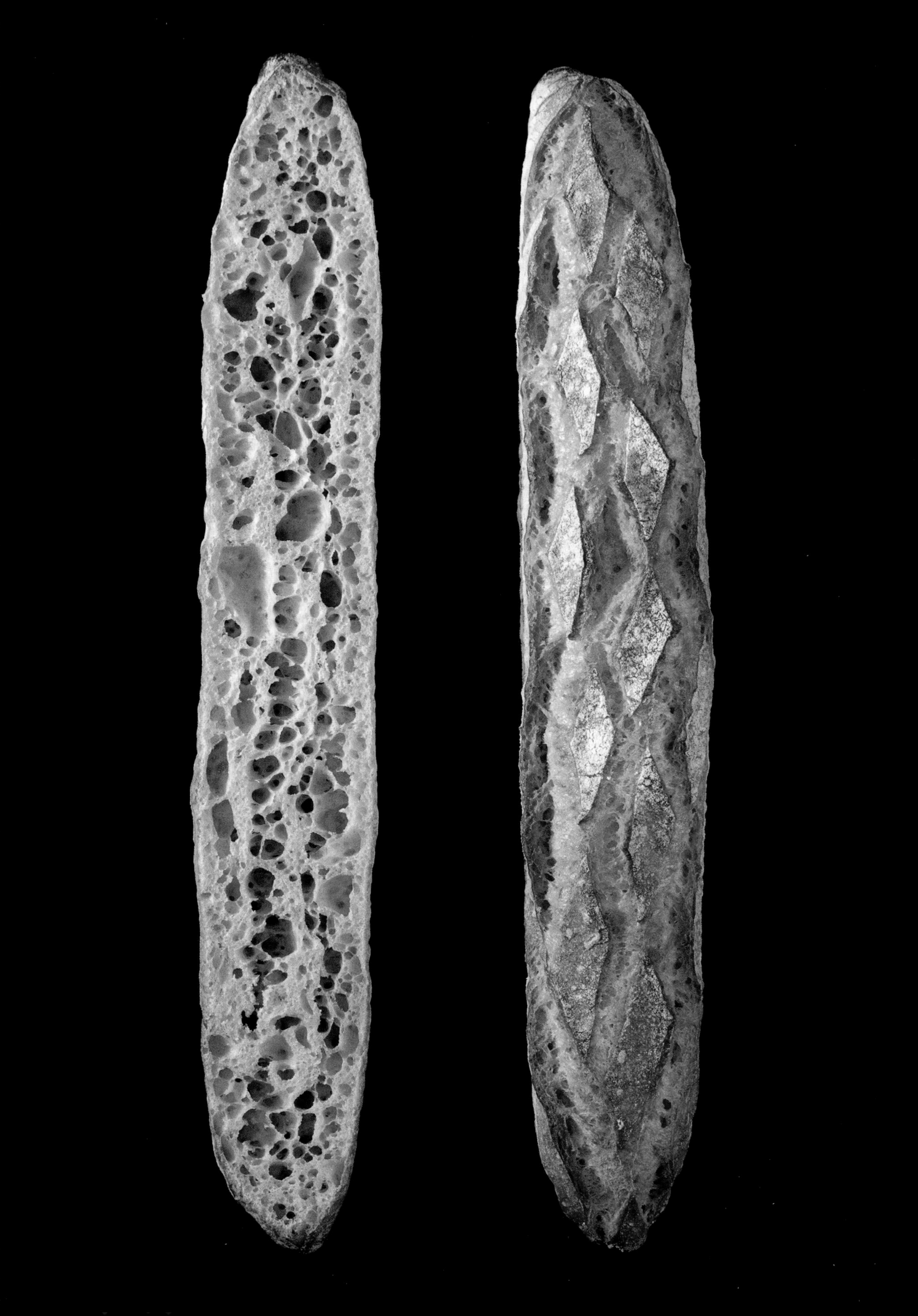

伯努瓦面棒

制作 50 个伯努瓦面棒

搅拌材料

黑麦面粉 T85	750 克
法国传统面粉 T65	250 克
水	700 克
盐	22 克
发酵粉	20 克
发酵面团	300 克
液态酵母	300 克

搅拌结束

科林斯葡萄干	800 克
茴香	5 克

制作方法

基础温度	70~74℃。
材料混合	使用搅拌器将搅拌材料混合于搅拌缸内。
和面	一级速度约 3 分钟。
揉面	首先使用一级速度揉面约 3 分钟，再使用二级速度揉面 1 分钟。
混合	使用一级速度添加科林斯葡萄干以及茴香。
面团黏度	将面团揉至柔韧的程度。
面团温度	23℃。
基础发酵	约 1 小时。
翻转	基础发酵 1 小时后进行。
面团成形	将面团制成 30 厘米 ×75 厘米的矩形面包坯。
分割	顺着面包坯的长边将面团一分为二。 切割出 15 厘米 ×3 厘米的迷你面团棒。 将面团棒置于铺有烘焙纸的烤盘上。
二次发酵	约 1 小时。
面包烘烤	使用 250℃平炉烘烤约 15 分钟。
冷却排气	放在烤盘上进行冷却排气。

荞麦皇冠面包

制作 5 个荞麦皇冠面包

搅拌材料

法国传统面粉 T65	400 克
纯荞麦面粉	400 克
小麦面粉 T150	200 克
水	650 克
盐	21 克
发酵粉	12 克
发酵面团	250 克
液态酵母	250 克

制作方法

基础温度	68~72℃。
材料混合	使用搅拌器将搅拌材料混合于搅拌缸内。
和面	一级速度约 3 分钟。
揉面	首先使用一级速度揉面约 3 分钟，再使用二级速度揉面 1 分钟。
面团黏度	中种面团。
面团温度	23℃。
基础发酵	约 1 小时。
面团称重	430 克的生面团。
面团成形	将面团揉圆。
醒发	约 15 分钟。
整形	将面团制成皇冠状并置于撒有面粉的藤条发酵篮，接缝处向上。
二次发酵	约 1 小时。
割口	5 个割口。
面包烘烤	使用 250℃平炉烘烤约 35 分钟，温度递减。
冷却排气	放在烤盘上进行冷却排气。

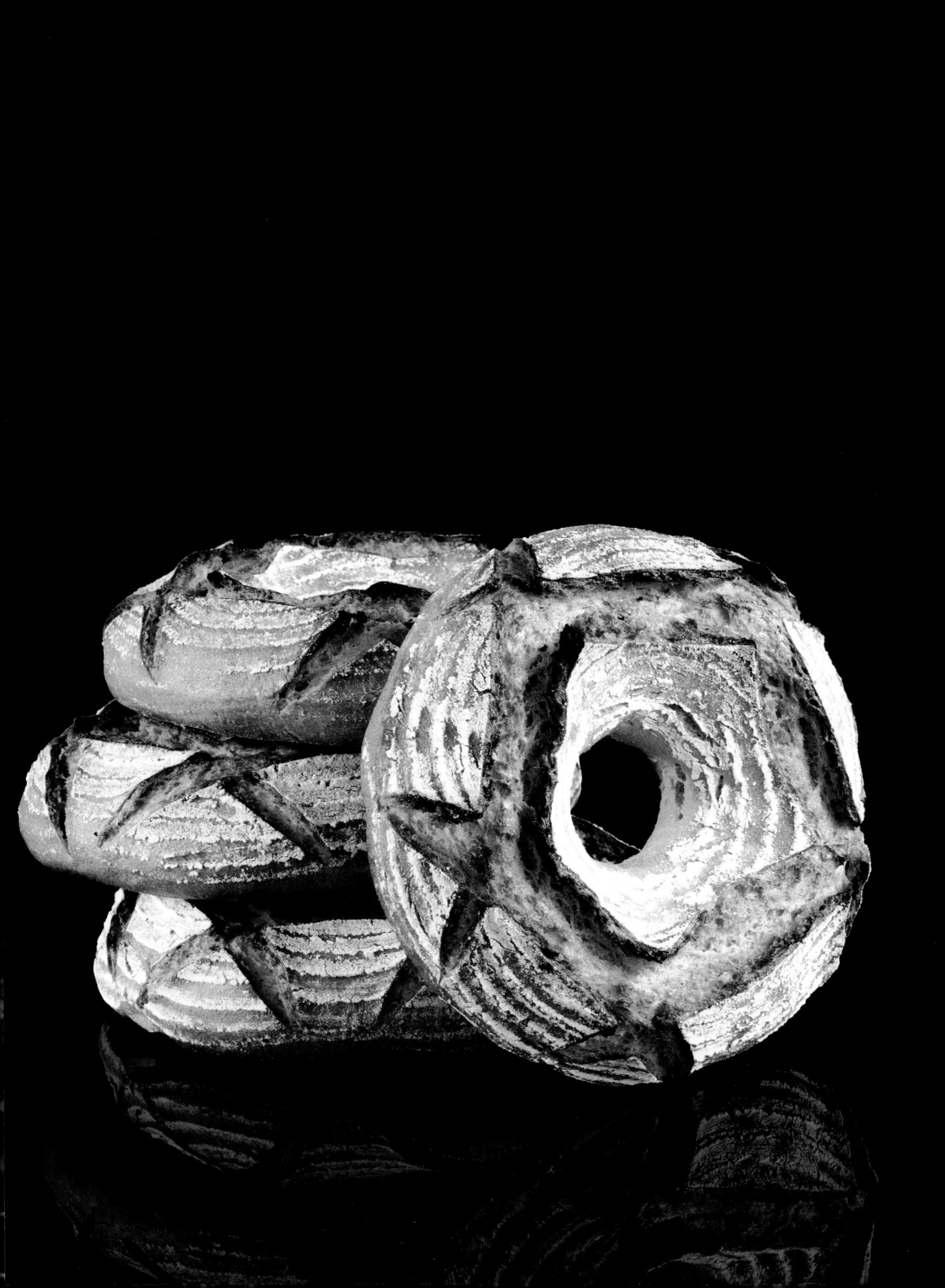

花形皇冠面包

制作 1 个花形皇冠面包（1650 克面团）

搅拌材料

农夫面包的面团	
法国传统面粉 T65	800 克
小麦面粉 T150	100 克
黑麦面粉 T170	100 克
水	650 克
盐	20 克
发酵粉	5 克
发酵面团	150 克
固态酵母	150 克

搅拌结束

水（分次加水）	适量

制作方法

基础温度 56~60℃。
材料混合 使用螺旋搅拌器将搅拌材料混合于搅拌缸内。
和面 一级速度约 3 分钟。
揉面 首先使用一级速度揉面约 8 分钟，再使用二级速度揉面 2 分钟。
混合 必要时分次添加少量水。
面团黏度 中种面团。
面团温度 23℃。
基础发酵 约 1 小时 30 分钟。
面团称重 将面团切分为 1 个 1300 克的生面团以及 1 个 350 克的生面团。
面团成形 将面团揉圆。
醒发 约 20 分钟。
整形 使用擀面杖将 350 克的生面团制成直径为 34 厘米的圆盘状。使用直径 6 厘米的打孔工具将圆盘状面团边缘制为花形状。将 1300 克的生面团制成直径为 32 厘米的皇冠面饼。将 350 克的花形面团置于直径为 37 厘米的专用发酵篮底部并轻轻撒上黑麦面粉。随后放置皇冠面饼，接缝处向上。使用工具去除花形面团中心部分，并将切口折叠于皇冠面饼上。
二次发酵 约 12 小时，温度为 5℃。
装饰 操作台上，使用滤筛为皇冠面包撒上面粉。
面包烘烤 使用 250℃平炉烘烤约 50 分钟，温度递减。
冷却排气 放在烤盘上进行冷却排气。

栗子面包

制作 4 个栗子面包

搅拌材料

法国传统面粉 T65	900 克
栗子面粉	100 克
栗子面团	150 克
水	650 克
盐	21 克
发酵粉	10 克
发酵面团	200 克
固态酵母	200 克
黄油	70 克

制作方法

基础温度 56~60℃。
材料混合 使用搅拌器将搅拌材料混合于搅拌缸内。
和面 一级速度约 3 分钟。
揉面 二级速度约 5 分钟。
面团黏度 中种面团。
面团温度 23℃。
基础发酵 约 2 小时。
面团称重 将面团分割为 4 个 350 克的生面团以及 4 个 200 克的生面团。
面团成形 将面团搓圆。
醒发 约 20 分钟。
整形 再次将 350 克的面团搓圆。
使用擀面杖轻压 200 克的面团并将其制成直径为 17 厘米的圆盘状。
在圆盘状面团中心涂上少量油并将滚圆的面团置于圆盘状面团之上，接缝处向上。将圆盘状面团的边缘向中心处折叠，直到将滚圆的 350 克面团包裹严实。
二次发酵 将整形好的面团置于撒有面粉的藤条发酵篮内，接缝处向上。
割口 约 1 小时 30 分钟。
面包烘烤 “十”字形割口。
冷却排气 使用 230℃平炉烘烤约 35 分钟，温度递减。
放在烤盘上进行冷却排气。

果干切块面包

制作 1 个果干切块面包

搅拌材料		搅拌结束	
法国传统面粉 T65	700 克	无花果干	200 克
小麦面粉 T150	200 克	李子干	200 克
纯荞麦面粉	100 克	水（分次加水）	适量
水	750 克		
盐	25 克		
发酵粉	5 克		
固态酵母	200 克		

制作方法

基础温度 56~60℃。
材料混合 使用搅拌器将搅拌材料混合于搅拌缸内。
和面 一级速度约 3 分钟。
揉面 二级速度约 4 分钟。
混合 必要时分次添加少量水，添加无花果干以及李子干。
面团黏度 中种面团。
面团温度 23℃。
基础发酵 约 2 小时。
整形 压平面团并将其制成 22 厘米 ×38 厘米的面包坯。将面包坯置于撒有面粉的烘焙纸上，接缝处向上。
二次发酵 约 12 小时，温度为 5℃。
割口 波尔卡割口。
面包烘烤 使用 250℃平炉烘烤约 50 分钟，温度递减。
冷却排气 放在烤盘上进行冷却排气。

千层小面包

制作 31 个千层小面包

搅拌材料

法国传统面粉 T65	1000 克
水	540 克
盐	18 克
发酵粉	10 克

包裹配料

片状黄油	360 克

装饰物

盐之花	适量
黄油	100 克

装饰面包的程序

将黄油加热直至成为焦化奶油。

制作方法

基础温度 56~60℃。
材料混合 使用搅拌器将搅拌材料混合于搅拌缸内。
和面 一级速度约 3 分钟。
揉面 一级速度约 3 分钟。
面团黏度 将面团揉至较硬的程度。
面团温度 23℃。
面团称重 1 个 1560 克的面团。
面团成形 椭圆状。
基础发酵 约 1 小时。
面团成形 将面团除气并制成矩形状。
醒发 约 2 小时，温度为 3℃。
包裹 将片状黄油加入面团中，搅拌两圈。
醒发 约 45 分钟，温度为 3℃。
分割 使用工具将面团压成 3.5 毫米厚的面片。
分割出 31 个 3.5 厘米 ×26 厘米的矩形面片。
整形 沿着矩形面片较长的边将面片卷成小面团，置于直径为 6.5 厘米的模具中。
二次发酵 约 2 小时，温度为 27℃。
装饰 轻轻地为千层小面包撒上盐之花。
面包烘烤 使用 230℃平炉烘烤约 30 分钟，无水蒸气。
装饰 为千层小面包涂上焦化奶油。
冷却排气 放在烤盘上进行冷却排气。

燕麦面包

制作 5 个燕麦面包

搅拌材料

法国传统面粉 T65	800 克
精白面粉	200 克
水	700 克
盐	21 克
发酵粉	6 克
发酵面团	200 克
固态酵母	200 克

搅拌结束

水（分次加水）	150 克

装饰物

燕麦片	适量

制作方法

基础温度 56~60℃。
材料混合 使用搅拌器将搅拌材料混合于搅拌缸内。
和面 一级速度约 3 分钟。
揉面 二级速度约 6 分钟。
混合 分次添加少量水。
面团黏度 中种面团。
面团温度 23℃。
基础发酵 首先发酵约 1 小时，再发酵 12 小时，温度为 3℃。
面团称重 450 克的生面团。
整形 整形为 0.5 千克重的面包坯（无需成形）。
装饰 将花式面包的表面蘸湿并放于燕麦片中，均匀蘸满。
割口 一个割口。
置于预先已涂油的模具中，模具尺寸为 18 厘米 ×8 厘米 ×8 厘米。
二次发酵 约 1 小时 30 分钟。
面包烘烤 使用 250℃平炉烘烤约 35 分钟，温度递减。
冷却排气 放在烤盘上进行冷却排气。

似双粒小麦面包

制作 3 个似双粒小麦面包

搅拌材料

双粒小麦白面粉 T65	500 克
纯双粒小麦面粉	500 克
水	700 克
盐	22 克
发酵粉	2 克
发酵面团	200 克
固态酵母	300 克

搅拌结束

水（分次加水）	适量

制作方法

基础温度 56~60℃。
材料混合 使用搅拌器将搅拌材料混合于搅拌缸内。
和面 一级速度约 3 分钟。
揉面 首先使用一级速度揉面约 6 分钟，再使用二级速度揉面 3 分钟。
混合 必要时分次添加少量水。
面团黏度 中种面团。
面团温度 24℃。
基础发酵 约 2 小时。
面团称重 700 克的生面团。
面团成形 将面团揉圆。
醒发 约 45 分钟。
整形 面团表面撒上黑麦面粉。用指尖压面团使其表面出现褶皱。将面团置于撒有面粉的藤条发酵篮，接缝处向上。
二次发酵 约 12 小时，温度为 5℃。
割口 无割口，褶皱自然裂开。
面包烘烤 使用 250℃平炉烘烤约 40 分钟，温度递减。
冷却排气 放在烤盘上进行冷却排气。

双粒小麦面包

制作 3 个双粒小麦面包

搅拌材料

纯双粒小麦面粉	1000 克
50℃的水	800 克
盐	30 克
双粒小麦固态酵母	600 克

制作方法

基础温度	85~95℃。
材料混合	使用搅拌器将搅拌材料混合于搅拌缸内。
和面	一级速度约 3 分钟。
揉面	一级速度约 4 分钟。
面团黏度	柔韧的凝胶状面团。
面团温度	30℃。
基础发酵	约 1 小时 30 分钟。
面团称重	800 克的生面团。
面团成形	将面团揉圆，且使面团变得松软。 将揉圆的面团置于撒有面粉的发酵篮中，接缝处向上。
二次发酵	约 45 分钟。
面包烘烤	使用 250℃平炉烘烤约 45 分钟，温度递减。
冷却排气	放在烤盘上进行冷却排气。

霍拉桑小麦面包

制作 6 个霍拉桑小麦面包

搅拌材料

霍拉桑小麦白面粉	600 克
纯霍拉桑小麦面粉	400 克
水	800 克
盐	21 克
发酵粉	5 克
发酵面团	200 克
固态酵母	200 克

搅拌结束

水（分次加水）	适量

制作方法

基础温度 60~64℃。
材料混合 使用搅拌器将搅拌材料混合于搅拌缸内。
和面 一级速度约 3 分钟。
揉面 首先使用一级速度揉面约 6 分钟，然后使用二级速度揉面 1 分钟。
混合 必要时分次添加少量水。
面团黏度 将面团揉至柔韧的程度。
面团温度 23℃。
基础发酵 约 1 小时 30 分钟。
面团称重 350 克的生面团。
面团成形 将面团揉圆。
醒发 约 20 分钟。
整形 将面团制成三角形并置于撒有面粉的藤条发酵篮，接缝处向上。
二次发酵 约 12 小时，温度为 5℃。
割口 三角形状割口。
面包烘烤 使用 250℃平炉烘烤约 30 分钟，温度递减。
冷却排气 放在烤盘上进行冷却排气。

发酵种面包

这款面包在市场上名为“发酵种面包”，其最高氢（pH）含量为4.3，醋酸含量为900ppm（溶质质量占全部溶液质量的百万分比）（1993年9月13日颁布的面包法令的第3条款）。

制作 3 个发酵种面包

搅拌材料

石磨面粉 T80	1000 克
水	800 克
盐	25 克
固态酵母	400 克

搅拌结束

水（分次加水）	适量

制作方法

基础温度	60~64℃。
材料混合	使用螺旋搅拌器将面粉与水混合于搅拌缸内。
和面	一级速度约 3 分钟。
水解	约 1 小时。
混合	添加盐与固态酵母。
揉面	一级速度约 8 分钟。
混合	必要时分次添加少量水。
面团黏度	中种面团。
面团温度	24℃。
基础发酵	约 2 小时。
面团称重	700 克的生面团。
整形	半千克重的花式面包（无需成形）。
醒发	在操作台面上醒发约 15 分钟以确保面团无裂口。将面团置于撒有面粉的藤条发酵篮，接缝处向上。
二次发酵	约 12 小时，温度为 13℃。
割口	一个割口。
面包烘烤	使用 250℃平炉烘烤约 50 分钟，温度递减。
冷却排气	放在烤盘上进行冷却排气。

玉米面包

制作 4 个玉米面包

开水烫煮玉米粉的材料

玉米粉	250 克
100℃的开水	250 克

搅拌材料

法国传统面粉 T65	750 克
开水烫煮的玉米粉	500 克
混合玉米粉	150 克
水	450 克
盐	21 克
发酵粉	5 克
发酵面团	200 克
固态酵母	200 克

装饰物

玉米粗粉	适量

开水烫煮玉米粉的配制

制作面包前夜，使用搅拌器将玉米粉以及开水混合搅拌。冷却，保持温度为3℃。

制作方法

基础温度 56~60℃。
材料混合 使用搅拌器将搅拌材料搅拌均匀。
和面 一级速度约 3 分钟。
揉面 二级速度约 6 分钟。
面团黏度 中种面团。
面团温度 23℃。
基础发酵 首先发酵约 1 小时，然后发酵 12 小时，温度为 3℃。
面团称重 500 克的生面团。
整形 将 500 克重的面团大致揉成形（无需成形）。
装饰 将花式面包的表面打湿并放在粗玉米粉中滚动。
割口 切几个平行的大切口。
置于预先已涂油的模具中，模具尺寸为 18 厘米 ×8 厘米 ×8 厘米。
二次发酵 约 1 小时 30 分钟。
面包烘烤 使用 250℃平炉烘烤约 35 分钟，温度递减。
冷却排气 放在烤盘上进行冷却排气。

冷杉状蜂蜜面包

制作 3 个冷杉状蜂蜜面包

蜂蜜味黑麦酵母材料

材料	用量
黑麦面粉 T85	200 克
12℃的水	200 克
蜂蜜	75 克
液态酵母	10 克

搅拌材料

材料	用量
法国传统面粉 T65	800 克
水	450 克
盐	22 克
发酵粉	10 克
蜂蜜味黑麦酵母	485 克

装饰物

材料	用量
水（分次加水）	适量

黑麦酵母的配制

制作面包前夜，使用搅拌器将黑麦面粉 T85、12℃的水、蜂蜜以及液态酵母混合搅拌。静置发酵 12 小时，温度为 24℃。

制作方法

基础温度 56~60℃。
材料混合 使用搅拌器将搅拌材料混合于搅拌缸内。
和面 一级速度约 3 分钟。
揉面 二级速度约 5 分钟。
混合 必要时分次添加少量水。
面团黏度 中种面团。
面团温度 23℃。
基础发酵 约 1 小时 15 分钟。
面团称重 切割成 3 个 480 克的生面团以及 3 个 120 克的生面团。
面团成形 将 480 克的面团揉圆，并将 120 克的面团制成水滴状。
醒发 约 20 分钟。
整形 将 120 克的生面团制成 7 个尺寸递减的圆面团。将单个圆面团置于烘焙纸上并使用擀面杖擀成椭圆形厚面片。对其余的圆球面团重复相同的动作，并依次排列成冷杉状。
将 480 克的面团制成水滴状并置于冷杉状面团之上，接缝处向上。
二次发酵 约 1 小时。
装饰 在操作台上，使用上滤筛为面团上撒上面粉。
面包烘烤 使用 240℃平炉烘烤约 30 分钟，温度递减。
冷却排气 放在烤盘上进行冷却排气。

全麦面包

全麦面包指使用全麦面粉或纯麦子面粉制成的面包，这类面粉可通过小麦粒磨粉而成或通过收集磨粉过程中的所有材料而成。

制作 5 个全麦面包

搅拌材料

小麦面粉 T150	1000 克
水	820 克
盐	23 克
发酵粉	2 克
全麦固态酵母	400 克

制作方法

基础温度 58~62℃。
材料混合 使用螺旋搅拌器将所有搅拌材料混合于搅拌缸内。
和面 一级速度约 3 分钟。
揉面 二级速度约 5 分钟。
面团黏度 中种面团。
面团温度 23℃。
基础发酵 约 1 小时 30 分钟。
面团称重 440 克的生面团。
面团成形 将面团揉圆。
醒发 约 20 分钟。
整形 整形为较短的半千克重椭圆形花式面团并将其置于烘焙纸上，接缝处向下。
装饰 使用滤筛为面团撒上面粉。
割口 切若干个大面包割口。
二次发酵 约 12 小时，温度为 10℃。
面包烘烤 使用 250℃平炉烘烤约 40 分钟，温度递减。
冷却排气 放在烤盘上进行冷却排气。

夹心面包

带有装饰图案

制作 5 个带有图案的夹心面包

搅拌材料

普通面粉 T55	1000 克
牛奶	275 克
水	275 克
盐	18 克
细砂糖	60 克
发酵粉	30 克
维也纳式发酵面团	250 克
黄油	150 克

搅拌结束

乌贼墨汁	5 克

带有图案的面团的配制

将和有乌贼墨汁的面团置于两张硅油纸中间，无需基础发酵，使用 250℃的平炉加热 25 秒钟。保持温度为 3℃。仔细绘制图案并使用已选择好的镂花模板撒上面粉。

制作方法

基础温度 50~54℃。
材料混合 使用搅拌器将所有搅拌材料混合于搅拌缸内。
和面 一级速度约 3 分钟。
揉面 二级速度约 8 分钟。
混合 将 200 克的面团与乌贼墨汁混合在一起。
面团黏度 中种面团。
面团温度 23℃。
基础发酵 约 1 小时。
面团称重 350 克的生面团。
面团成形 将面团揉圆。
醒发 约 45 分钟。
整形 将面团整形为较硬实的矩形面包坯。
将面团置于预先已涂油的夹心面包专用模具（尺寸为 18 厘米 ×8 厘米 ×8 厘米）。
二次发酵 约 1 小时 15 分钟。
装饰 首先在面团上用乌贼墨汁仔细绘制图案，再放入模具内。
面包烘烤 使用 165℃风炉烘烤约 35 分钟。
冷却排气 放在烤盘上进行冷却排气。

夹心面包

斑马图案

制作 1 个斑马图案夹心面包（1800 克的面团）

搅拌材料

普通面粉 T55	1000 克
牛奶	275 克
水	275 克
盐	18 克
细砂糖	60 克
发酵粉	30 克
维也纳式发酵面团	250 克
黄油	150 克

搅拌结束

乌贼墨汁	25 克

制作方法

基础温度 50~54℃。

材料混合 使用搅拌器将所有搅拌材料混合于搅拌缸内。

和面 一级速度约 3 分钟。

揉面 二级速度约 8 分钟。

混合 将 900 克的面团与乌贼墨汁混合在一起。

面团黏度 中种面团。

面团温度 23℃。

基础发酵 约 1 小时。

面团称重 1 个 900 克的原味面团与 1 个 900 克的乌贼墨汁面团。

面团成形 将面团揉圆。

醒发 约 45 分钟。

整形 将两个面团排气。
将两个面团左右叠放在一起、团握成矩形。
将矩形面团一分为二并将其卷成螺旋形。
将螺旋形面团置于预先已涂油的夹心面包专用模具（尺寸为 40 厘米 ×12 厘米 ×12 厘米），并使用盖子将模具盖严实。

二次发酵 约 1 小时 15 分钟。

面包烘烤 使用 165℃风炉烘烤约 1 小时。

冷却排气 放在烤盘上进行冷却排气。

玉米面包

制作 4 个玉米面包

烫煮玉米粉的材料

玉米粉	400 克
65℃的水	650 克

搅拌材料

法国传统面粉 T65	600 克
烫煮过的玉米粉	1050 克
水	100 克
盐	21 克
发酵粉	30 克
固态酵母	200 克

搅拌结束

烤熟的小米粒	200 克

烤熟的小米粒

小米粒	120 克
水	80 克

装饰物

圆白菜叶	适量

烫煮玉米粉

制作面包前夜，使用搅拌器将玉米粉以及 65℃的水混合在一起，静置冷却，保持温度为 3℃。

小米粒的配制

使用 200℃风炉将小米粒烘烤约 15 分钟。将小米粒置于水中冷却，保持温度为 3℃。

制作方法

基础温度 64~68℃。

材料混合 使用搅拌器将所有搅拌材料混合于搅拌缸内。

和面 一级速度约 3 分钟。

揉面 二级速度约 6 分钟。

混合 取 1200 克的面团并添加烤熟的小米粒。

面团黏度 中种面团。

面团温度 23℃。

基础发酵 约 30 分钟。

面团称重 4 个 350 克含有小米粒的面团以及 4 个 200 克原味面团。

面团成形 将面团揉圆。

醒发 约 20 分钟。

整形 再次将 350 克的面团揉圆。使用擀面杖将 200 克的面团制成直径为 17 厘米的圆盘状并在其中心处涂抹少许油。将搓圆的面团置于圆盘之上。将圆盘状面团边缘向中心处折叠以便将圆球面团包裹严实。将制成的面团置于直径为 16 厘米、已铺有圆白菜叶的锅内。

二次发酵 约 45 分钟。

割口 星形割口。

面包烘烤 使用 250℃平炉烘烤约 35 分钟，温度递减。

冷却排气 放在烤盘上进行冷却排气。

黑麦面包

“黑麦面包”特指用小麦面粉以及黑麦面粉两种面粉制成的面包，其中小麦面粉的比例应小于或等于35%（即黑麦面粉的比例至少为65%）。

制作 4 个黑麦面包

发酵面团的材料

黑麦面粉 T85	325 克
24℃的水	210 克
发酵粉	1 克

搅拌材料

黑麦面粉 T85	325 克
法国传统面粉 T65	350 克
水	530 克
盐	18 克
发酵粉	12 克
发酵面团	536 克

发酵面团的配制

制作面包的前夜，使用搅拌器将黑麦面粉、24℃的水以及发酵粉混合在一起。
首先在常温下静置发酵约 1 小时 30 分钟，然后在 10℃的环境下发酵约 12 小时。

制作方法

基础温度 68~72℃。
材料混合 使用搅拌器将所有搅拌材料混合于搅拌缸内。
和面 一级速度约 3 分钟。
揉面 首先使用一级速度揉面约 3 分钟，然后使用二级速度揉面 1 分钟。
面团黏度 中种面团。
面团温度 23℃。
基础发酵 约 30 分钟。
面团称重 440 克的面团。
面团成形 将面团揉圆。
醒发 约 15 分钟，接缝处向上。
整形 首先使用擀面杖轻压面团的四角，然后将各角压平以便制成方块面团。将面团置于烘焙纸上，接缝处向上。
二次发酵 约 45 分钟。
装饰 使用筛网在操作台上为面包撒上面粉。
割口 波尔卡割口。
面包烘烤 使用 250℃平炉烘烤约 45 分钟，温度递减。
冷却排气 放在烤盘上进行冷却排气。

水果黑麦面包

制作 6 个水果黑卖面包

搅拌材料

黑麦面粉 T170	500 克
黑麦面粉 T85	500 克
65℃的水	950 克
盐	25 克
发酵面团	420 克
固态酵母	420 克

搅拌结束

水	50 克
葡萄干	150 克
杏子干	150 克
无花果干	150 克
李子干	150 克

配制

将葡萄干浸入水中。
将杏子干、无花果干以及李子干切成块。

制作方法

基础温度 95~105℃。
材料混合 使用搅拌器将所有搅拌材料混合于搅拌缸内。
和面 一级速度约 3 分钟。
揉面 首先使用一级速度揉面约 3 分钟，然后使用二级速度揉面 1 分钟。
混合 使用一级速度添加水果干。
面团黏度 有弹性的凝胶状的面团。
面团温度 35℃。
基础发酵 约 2 小时。
面团称重 使用工具将 550 克的面团置于预先已涂油的模具中（模具尺寸为 18 厘米 ×8 厘米 ×8 厘米）。
装饰 使用蘸了水的手将面团表面处理光滑。
二次发酵 约 1 小时 15 分钟。
面包烘烤 使用 250℃平炉烘烤约 1 小时，温度递减。
冷却排气 放在烤盘上进行冷却排气。

南瓜子和水果干营养面包

这款面包所含的南瓜子油以及酸果蔓（或者水果干）对身体大有益处。事实上，这款使用黑麦面粉以及传统面粉T65所制成的面包富含膳食纤维、无机盐以及维生素。面包中添加了南瓜子以及亚麻子（自带酸味剂以及人体必要却无法通过自身合成的脂类），可有效预防心血管疾病。酸果蔓更是富含抗氧化剂。

制作 6 个南瓜子和水果干营养面包

搅拌材料	
法国传统面粉 T65	900 克
黑麦面粉 T170	100 克
水	650 克
盐	21 克
发酵粉	8 克
液态酵母	200 克
搅拌结束	
水（分次加水）	70 克
南瓜子油（分次加油）	70 克
水果干	125 克
棕色亚麻子	60 克
南瓜子	60 克
水	120 克
装饰物	
南瓜子	适量

谷粒子的配制

使用150℃风炉将亚麻子以及南瓜子烘烤约15分钟后置于水中冷却，保持温度为3℃。

制作方法

基础温度 54~58℃。
材料混合 使用搅拌器将所有搅拌材料混合于搅拌缸内。
和面 一级速度约3分钟。
揉面 二级速度约6分钟。
混合 分次添加水以及南瓜子油。使用一级速度添加水果干以及谷粒子的混合物。
面团黏度 将面团揉至柔韧的程度。
面团温度 23℃。
基础发酵 首先发酵约1小时30分钟，然后发酵约12小时，温度为3℃。
翻转 基础发酵1小时30分钟之后。
分割 将面团置于撒有面粉的砧板上。用手压面团使其呈矩形。分割出6个同等大小的矩形面团并置于铺有烘焙纸的烤盘上。
二次发酵 约1小时15分钟。
装饰 在面团表面撒上南瓜子。
面包烘烤 使用250℃平炉烘烤约14分钟。
冷却排气 放在烤盘上进行冷却排气。

亚麻子和葵花子营养面包

这款含有亚麻子以及葵花子的面包由不同纯面粉制成，富含膳食纤维、无机盐以及维生素。面包中添加了亚麻子以及葵花子（自带酸味剂以及人体必要却无法自身合成的脂类），经常食用可有效预防心血管疾病。

制作 3 个亚麻子和葵花子营养面包

搅拌材料

法国传统面粉 T65	400 克
双粒小麦白面粉	200 克
霍拉桑纯面粉	200 克
黑麦面粉 T170	100 克
小麦面粉 T150	100 克
水	800 克
盐	30 克
发酵粉	5 克
固态酵母	600 克

搅拌结束

棕色亚麻子	200 克
葵花子	200 克
水（分次加水）	200 克

装饰物

燕麦片	适量

制作方法

基础温度 50~52℃。
材料混合 使用螺旋搅拌器将所有搅拌材料混合于搅拌缸内。
和面 一级速度约 3 分钟。
揉面 二级速度约 8 分钟。
混合 添加谷粒子并分次添加水。
面团黏度 中种面团。
面团温度 23℃。
基础发酵 约 2 小时。
翻转 基础发酵 1 小时之后进行。
面团成形 在面板上将面团压成约 4 厘米的厚度。
将面团表面打湿并撒上燕麦片。
二次发酵 首先在常温下发酵约 2 小时，然后在 3℃的环境下发酵 12 小时。
分割 使用刀锯分割出 1 千克的面团。
面包烘烤 使用 250℃平炉烘烤约 45 分钟，温度递减。
冷却排气 放在烤盘上进行冷却排气。

谷物面包

制作 4 个谷物面包

搅拌材料

材料	用量
法国传统面粉 T65	800 克
双粒小麦面粉 T150	100 克
黑麦面粉 T170	100 克
水	650 克
盐	20 克
发酵粉	5 克
发酵面团	150 克
液态酵母	150 克

搅拌结束

材料	用量
谷物子混合物	150 克
葵花子	35 克
水（分次加水）	适量

谷物子混合物

材料	用量
芝麻	17 克
棕色亚麻子	17 克
金黄色亚麻子	17 克
小米	17 克
水	75 克

装饰物

材料	用量
芝麻	适量

谷物子的配制

使用 200℃风炉烘烤谷物子混合物约 15 分钟后将其置于水中冷却，保持温度为 3℃。

制作方法

基础温度 56~60℃。
材料混合 使用搅拌器将所有搅拌材料混合于搅拌缸内。
和面 一级速度约 3 分钟。
揉面 二级速度约 5 分钟。
混合 首先添加谷物子混合物与葵花子，必要时分次添加少量水。
面团黏度 中种面团。
面团温度 23℃。
基础发酵 约 1 小时 30 分钟。
面团称重 500 克的生面团。
面团成形 将面团揉圆。
醒发 约 20 分钟。
整形 整形为半千克重的花式面包。
装饰 将花式面包的表面打湿并在芝麻中滚动面包。将面包团置于发酵篮，接缝处向上。
二次发酵 发酵约 12 小时，温度为 5℃。
割口 1 个割口。
面包烘烤 使用 250℃平炉烘烤约 35 分钟，温度递减。
冷却排气 放在烤盘上进行冷却排气。

无麸质谷物面包

这款面包非常适合麸质不耐受人群食用。其名为“无麸质”面包，因此需对麸质含量有明确规定。事实上，成品面包中的麸质含量不得超过20毫克/千克。因此，传统的面包坊并不是最适于制作此款面包的场所，其原因在于制作过程中由于小麦面粉的加入会影响麸质含量。

制作 4 个无麸质谷物面包

搅拌材料		谷物子混合物	
玉米淀粉	600 克	芝麻	22 克
大米淡奶油	300 克	棕色亚麻子	22 克
栗子面粉	100 克	金色亚麻子	22 克
黄原胶	15 克	小米	22 克
35℃的水	930 克	水	100 克
盐	18 克		
发酵粉	20 克		
无麸质发酵面团	250 克		
谷物子混合物	200 克		

谷物子的配制

使用 200℃风炉烘烤谷物子混合物约 15 分钟后将其置于水中冷却，保持温度为 3℃。

配制

将玉米淀粉、大米淡奶油、栗子面粉以及黄原胶整体过筛。

制作方法

基础温度 76~80℃。
材料混合 使用带有玻璃纸的搅拌器将所有搅拌材料混合于搅拌缸内。
和面 一级速度约 3 分钟。
揉面 二级速度约 1 分钟。
面团黏度 将面团揉至柔韧且呈凝胶状。
面团温度 30℃。
基础发酵 约 1 小时。
面团排气 使用搅拌器搅拌面团使面团排气，并将面团压实。
面团称重 使用工具将 550 克的面团置于预先已涂油的模具中，模具尺寸为 18 厘米 ×8 厘米 ×8 厘米。
装饰 使用蘸了水的手将面团表面处理光滑。
二次发酵 约 45 分钟。
面包烘烤 使用 250℃平炉烘烤约 45 分钟，温度递减。
冷却排气 放在烤盘上进行冷却排气。

虎纹状核桃面包

制作 6 个虎纹状核桃面包

搅拌材料

材料	用量
法国传统面粉 T65	900 克
黑麦面粉 T170	100 克
用于浸泡核桃仁的水	630 克
盐	20 克
发酵粉	5 克
发酵面团	150 克
液态酵母	150 克

搅拌结束

材料	用量
用于浸泡核桃仁的水（分次加水）	50 克
烘熟的湿核桃	500 克

烘熟的湿核桃

材料	用量
核桃	400 克
水	850 克

面包糊

材料	用量
黑麦面粉 T170	100 克
水	170 克
细砂糖	10 克
发酵粉	5 克
盐	1 克

核桃仁的配制

使用 150° 风炉烘烤核桃仁 15 分钟。
将烘烤后的核桃仁与 850 克的凉水相混合。静置浸泡至少 4 小时。将核桃仁沥干并保留浸泡核桃仁的水用于搅拌过程中的水化。

面包糊的配制

（面团称重后进行）
使用搅拌器将所有材料混合在一起。使用保鲜膜覆盖面包糊并置于常温环境下。

制作方法

基础温度 54~58℃。
材料混合 使用搅拌器将所有搅拌材料混合于搅拌缸内。
和面 一级速度约 3 分钟。
揉面 二级速度约 5 分钟。
混合 分次添加水并添加沥干的核桃仁。
面团黏度 将面团揉至柔韧的程度。
面团温度 23℃。
基础发酵 首先发酵约 1 小时 30 分钟，然后发酵 12 小时，温度为 3℃。
翻转 基础发酵 1 小时 30 分钟后进行。
面团称重 将面团分割为 400 克的生面团。
面团成形 将面团揉圆。
醒发 约 30 分钟。
整形 整形为水滴状面包坯。
二次发酵 约 1 小时 30 分钟。
装饰 在操作台上，将面糊涂在面团表面，并使用滤筛为面团撒上面粉。
面包烘烤 使用 250℃平炉烘烤约 35 分钟，温度递减。
冷却排气 放在烤盘上进行冷却排气。

乡村方块面包

制作 4 个乡村方块面包

搅拌材料

法国传统面粉 T65	900 克
黑麦面粉 T170	100 克
水	700 克
盐	30 克
发酵粉	5 克
固态酵母	600 克

搅拌结束

水（分次加水）	200 克

制作方法

基础温度	50~54℃。
材料混合	使用螺旋搅拌器将所有搅拌材料混合于搅拌缸内。
和面	一级速度约 3 分钟。
揉面	二级速度约 8 分钟。
混合	分次添加少量水。
面团黏度	将面团揉至柔韧的程度。
面团温度	22℃。
基础发酵	首先发酵约 1 小时，然后发酵 12 小时，温度为 3℃。
翻转	基础发酵 1 小时后进行。
分割	约 630 克的生面团。 将面团置于撒有面粉的烘焙纸上，接缝处向上。
二次发酵	约 45 分钟。
割口	波尔卡割口。
面包烘烤	使用 250℃平炉烘烤约 40 分钟。
冷却排气	放在烤盘上进行冷却排气。

早餐花色面包

制作 3 个早餐花色面包

搅拌材料

法国传统面粉 T65	900 克
小麦面粉 T150	100 克
水	650 克
盐	22 克
发酵粉	6 克
液态酵母	250 克

制作方法

基础温度 56~60℃。
材料混合 使用螺旋搅拌器将面粉与水混合于搅拌缸内。
和面 一级速度约 3 分钟。
水解 1 小时。
混合 添加盐、发酵粉以及液态酵母。
揉面 首先使用一级速度揉面约 8 分钟，然后使用二级速度揉面 2 分钟。
面团黏度 中种面团。
面团温度 23℃。
基础发酵 约 1 小时 30 分钟。
面团称重 3 个 450 克的生面团以及 3 个 100 克的生面团，或者 3 个 450 克的生面团以及 6 个 50 克的生面团。
面团成形 将 450 克的面团揉圆，并将 50 克以及 100 克的面团制成矩形状。
醒发 约 20 分钟。
整形 将 450 克的面团制成 0.5 千克重的花式面包面团。
将 50 克的面团制成 20 厘米高的圆柱形，使用擀面杖轻压面团，并将每两个圆柱形面团拧成绳状。将花式面包面团置于绳状面团之上，接缝处向上，并将绳状面团的两端折叠于花式面包面团之上。
将 100 克的面团压成 7 厘米 ×24 厘米的矩形状并使用工具将矩形面团制作凹长方形的两个长边，并放在烘焙纸上。放入花式面包面团，接缝处向上，并将多出的边缘折叠于花式面包之上。
二次发酵 约 1 小时。
装饰 在操作台上，使用滤筛为面团上撒上面粉。
面包烘烤 使用 250℃平炉烘烤约 35 分钟。
冷却排气 放在烤盘上进行冷却排气。

· BRIOCHES & CLASSIQUES FRANÇAIS ·

法国奶油面包
及传统面包

柠檬味千层奶油面包

制作 6 个柠檬味千层奶油面包

搅拌材料

普通面粉 T55	1000 克
鸡蛋	420 克
牛奶	100 克
盐	18 克
细砂糖	40 克
发酵粉	30 克
黄油	250 克

搅拌结束

细砂糖	80 克
维也纳式发酵面团	300 克

包裹层配料

片状黄油	460 克

糖水柠檬

细砂糖	300 克
水	200 克
黄柠檬	2 个
青柠檬	2 个

糖水柠檬的配制

将柠檬清洗干净、去皮并挤压。将水与细砂糖混合并煮沸。添加柠檬皮，用保鲜膜覆盖并置于冰箱冷藏。在冷藏好的糖水中添加柠檬汁。

制作方法

基础温度 50~54℃。

材料混合 使用搅拌器将所有搅拌材料混合于搅拌缸内。

和面 一级速度约 7 分钟。

混合 添加 80 克的细砂糖以及发酵面团。

揉面 首先使用一级速度揉面约 7 分钟，然后使用二级速度揉面约 1 分钟。

面团黏度 将面团揉至较硬的程度。

面团温度 23℃。

基础发酵 约 20 分钟。

面团称重 1 个 2.2 千克重的生面团。

面团成形 将面团整形为矩形。

醒发 首先醒发约 30 分钟，然后醒发 12 小时，温度为 3℃。

包裹 将面团排气并将 460 克的黄油包于面团中，擀成长方形薄面团。在表面撒少量面粉，折三折。

醒发 约 45 分钟，温度为 3℃。

分割 使用工具压面团并将折叠后的面团制成约 100 厘米 ×28 厘米的矩形状。沿着矩形面团的长边方向将其分为 6 个长条。

整形 将长条状面团卷成卷，放置于预先已涂油的模具中（模具尺寸为 30 厘米 ×8 厘米 ×8 厘米）。

二次发酵 约 2 小时 30 分钟。

面包烘烤 使用 155℃风炉烘烤约 30 分钟。

装饰 使用糖水柠檬浸湿奶油面包。

冷却排气 放在烤盘上进行冷却排气。

带馅炸糕

信仰伊斯兰教的国家通常在封斋前举行庆祝活动并且要吃些油腻的食物（即著名的“油腻星期二”）。由于封斋节涉及的人数众多，需制作一些程序简单且价格低廉的糕点。可使用例如黄油、油、鸡蛋等材料制作带馅炸糕为长达40天的封斋期的到来做储备。带馅炸糕由此诞生。在不同地区，带馅炸糕的名称以及形状有所不同：在里昂被称为油煎糖糕，在波尔多被称为油炸糖糕，在南特被称为水果糕点，在普罗旺斯被称为油炸糕，在普瓦图被称为加糖油糕。

制作 120 个带馅炸糕

搅拌材料

普通面粉 T55	1000 克
鸡蛋	200 克
牛奶	250 克
橙花水	50 克
盐	22 克
细砂糖	200 克
发酵粉	25 克
液态酵母油	300 克

搅拌结束

黄油	400 克
柠檬皮	2 个
橙皮	2 个

装饰物

糖霜	适量

制作方法

基础温度 48~52℃。
材料混合 使用搅拌器将所有搅拌材料混合于搅拌缸内。
和面 一级速度约 3 分钟。
揉面 二级速度约 6 分钟。
混合 使用一级速度添加黄油直至面团表面变得光滑、无孔。添加柠檬皮以及橙皮。
面团黏度 中种面团。
面团温度 23℃。
基础发酵 首先发酵约 1 小时，然后发酵 12 小时，温度为 3℃。
分割 使用压具压面团使其厚度变为 4 毫米。
分割出边长为 5 厘米的菱形状面饼。
整形 在菱形状面饼中心切一个切口，并将菱形的一边与切口的边缘捏在一起。
二次发酵 置于已涂少许油的专用玻璃纸上发酵约 2 小时，温度为 24℃。
面包烘烤 在 180℃的油中，每面煎炸约 1 分钟。
冷却排气 放在烤盘上进行冷却排气。
装饰 撒上糖霜。

皇家奶油面包

制作 10 个皇家奶油面包

搅拌材料

材料	用量
普通面粉 T55	1000 克
鸡蛋	650 克
盐	18 克
细砂糖	150 克
发酵粉	25 克
维也纳式的发酵面团	250 克

搅拌结束

材料	用量
黄油	500 克
可可含量为 64% 的巧克力币	350 克
块状香橙蜜饯	350 克
烤熟的去皮榛子	250 克

酥饼层

材料	用量
杏仁粉	330 克
细砂糖	230 克
蛋白	230 克

装饰物

材料	用量
杏仁瓣	适量
糖霜	适量

酥饼层的配制

将细砂糖与杏仁粉混合在一起。
将所有材料混合在一起。

制作方法

基础温度 48~52℃。
材料混合 使用搅拌器将所有搅拌材料混合于搅拌缸内。
和面 一级速度约 5 分钟。
揉面 二级速度约 5 分钟。
混合 使用一级速度添加黄油直至面团表面变得光滑无孔。添加巧克力币、块状糖渍香橙以及烤熟的去皮榛子。
面团黏度 中种面团。
面团温度 23℃。
基础发酵 约 1 小时 30 分钟。
面团称重 350 克的生面团。
面团成形 将面团揉圆。
醒发 约 30 分钟。
整形 制成 0.5 千克重的花式面包并将其置于预先已涂油的模具中，模具尺寸为 18 厘米 ×8 厘米 ×8 厘米。
二次发酵 首先发酵约 12 小时，温度为 3℃，然后发酵约 3 小时，温度为 27℃。
装饰 使用酥饼层装饰奶油面包，并撒上杏仁瓣以及糖霜。
面包烘烤 使用 180℃的平炉烘烤约 20 分钟。
冷却排气 放在烤盘上进行冷却排气。

皇冠奶油面包

关于皇冠奶油面包的制作可追溯至中世纪，人们可查寻到一些使用面粉、酵母、黄油、牛奶以及鸡蛋为材料的制作方法。这款皇冠奶油面包是宴会、洗礼、领圣体等重要场合的必食糕点之一。现如今，这款面包已成为法国的代表性糕点之一。

制作 10 个皇冠奶油面包

搅拌材料

普通面粉 T55	1000 克
鸡蛋	650 克
盐	18 克
细砂糖	150 克
发酵粉	25 克
维也纳式的发酵面团	250 克

搅拌结束

黄油	500 克

制作方法

基础温度 48~52℃。
材料混合 使用搅拌器将所有搅拌材料混合于搅拌缸内。
和面 一级速度约 5 分钟。
揉面 二级速度约 5 分钟。
混合 使用一级速度添加黄油直至面团表面光滑无孔。
面团黏度 中种面团。
面团温度 23℃。
基础发酵 首先发酵约 1 小时，然后发酵 2 小时，温度为 3℃。
面团称重 250 克的生面团。
面团成形 将面团揉圆。
醒发 约 1 小时，温度为 3℃。
整形 制成皇冠状面团并置于铺有烘焙纸的烤盘上。
二次发酵 首先发酵约 12 小时，温度为 3℃，再发酵约 3 小时，温度为 27℃。
涂蛋液 鸡蛋液。
割口 内置凹槽外带锯齿状。
面包烘烤 使用 180℃的平炉烘烤约 20 分钟。
冷却排气 放在烤盘上进行冷却排气。

羊角面包或巧克力面包

羊角面包是法国著名的面包特产，它诞生于1683年土耳其军队围攻维也纳时期。为庆祝战胜了敌军，维也纳面包师受令制作一款能够令人想起象征土耳其国旗的面包。得益于这款面包独特的层状，这款面包在法国被广泛认可。

制作 30 个羊角面包或巧克力面包

搅拌材料

层状发酵面团	
普通面粉 T55	1000 克
水	420 克
鸡蛋	50 克
盐	18 克
细砂糖	120 克
发酵粉	40 克
维也纳式的发酵面团	200 克
黄油	70 克

包裹层配料

片状黄油	500 克

装饰物

（用于巧克力面包）

巧克力棒（5 克）	60

制作方法

基础温度 46~50℃。
材料混合 使用搅拌器将所有搅拌材料混合于搅拌缸内。
和面 一级速度约 3 分钟。
揉面 首先使用一级速度揉面 8 分钟，然后使用二级速度揉面约 1 分钟。
面团黏度 中种面团。
面团温度 23℃。
面团称重 2 个 950 克的生面团。
面团成形 将面团揉圆。
基础发酵 约 30 分钟。
翻转 基础发酵 15 分钟后进行。
面团成形 椭圆状。
基础发酵 发酵约 12 小时，温度为 3℃。
包裹 将面团排气并将片状黄油包于面团中，擀平。对折成三层后擀平。再次对折成三层后，擀平。
醒发 约 45 分钟，温度为 3℃。
分割 使用工具压面团使其厚度变为 3.5 毫米。分割出 30 个腰长为 25 厘米、高为 9 厘米的三角形或 30 个 8.5 厘米 ×15 厘米的矩形。
整形 将羊角面包卷起来或将巧克力面包折叠两次并在每个折叠处放置一个巧克力棒。将羊角面包或巧克力面包置于铺有烘焙纸的烤盘上。
涂蛋液 鸡蛋液。
二次发酵 约 2 小时，温度为 27℃。
涂蛋液 鸡蛋液。
面包烘烤 使用 200℃的平炉或 170℃的风炉烘烤约 20 分钟。
冷却排气 放在烤盘上进行冷却排气。

奶油圆蛋糕（阿尔萨斯）

奶油圆蛋糕作为阿尔萨斯著名的糕点，与其相关的传说有很多，因此无法确定其历史来源。最古老的传说与初生耶稣三博士有关，其古格霍夫面包（头巾形状面包）给人们确定蛋糕的形状给与了灵感。

制作 8 个奶油圆面包

搅拌材料

普通面粉 T55	1000 克
鸡蛋	275 克
牛奶	275 克
盐	22 克
细砂糖	180 克
发酵粉	20 克
液态酵母	300 克

搅拌结束

黄油	350 克
浸湿的葡萄干	500 克

浸湿的葡萄干

水	140 克
葡萄干	400 克
香草荚	1

装饰物

杏仁	90 克
黄油	300 克
白糖	适量

浸湿的葡萄干的配制

将水烧开并用开水浸泡葡萄干以及香草子。冷却并保存。

装饰工序

将杏仁置于预先已涂油的模具底部。加热黄油直至焦化。

制作方法

基础温度 48~52℃。
材料混合 使用搅拌器将所有搅拌材料混合于搅拌缸内。
和面 一级速度约 5 分钟。
揉面 二级速度约 5 分钟。
混合 使用一级速度添加黄油至面团表面光滑无孔。添加浸湿的葡萄干。
面团黏度 将面团揉至柔韧的程度。
面团温度 23℃。
基础发酵 约 3 小时。
面团称重 360 克的生面团。
面团成形 将面团揉圆。
醒发 约 30 分钟，温度为 3℃。
整形 在搓圆的面团中心处挖洞以制成小型的皇冠状面团并置于模具中。
二次发酵 首先发酵约 12 小时，温度为 3℃，然后发酵约 2 小时，温度为 27℃。
面包烘烤 使用 145℃的风炉或 180℃的平炉烘烤约 25 分钟。
冷却排气 放在烤盘上进行冷却排气。
装饰 将奶油圆蛋糕放在化黄油中，使其充分蘸满黄油 5 分钟，再将蛋糕放在白糖中滚动。

波尔多奶油饼（阿基坦）

奶油饼源自波尔多，在其他地方被称为“巴黎黄油蛋糕”。在波尔多，这款面包呈圆形、金黄色，装饰有糖渍水果与谷物糖。当然，找到藏在面包中的小雕像的人即会成为当日的国王或王妃。

制作 8 个波尔多奶油饼

搅拌材料

普通面粉 T55	1000 克
鸡蛋	450 克
盐	18 克
糖浆	450 克
发酵粉	10 克
维也纳式的发酵面团	400 克

搅拌结束

糖浆	280 克

糖浆

黄油	300 克
橙汁	50 克
细砂糖	250 克
橙花水	100 克
朗姆酒	30 克
橙皮	2 个
黄柠檬皮	1 个
香草荚	1 根

装饰物

绿色甜瓜蜜饯	适量
红色甜瓜蜜饯	适量
谷物糖	适量

糖浆的配制

将配制糖浆的材料加热。覆以薄膜并保存于 3℃的环境下。

制作方法

基础温度 48~52℃。
材料混合 使用搅拌器将所有搅拌材料混合于搅拌缸内。
和面 一级速度约 3 分钟。
揉面 一级速度约 25 分钟。
混合 使用一级速度添加剩余的糖浆。
面团黏度 将面团揉至柔韧的程度。
面团温度 23℃。
基础发酵 约 2 小时。
面团称重 325 克的生面团。
面团成形 将面团揉圆。
醒发 约 30 分钟。
整形 整形为皇冠状，并置于铺有烘焙纸的烤盘上。
二次发酵 首先发酵约 1 小时 30 分钟，然后发酵约 12 小时，温度为 3℃。
涂蛋液 鸡蛋液。
装饰 首先将甜瓜蜜饯片置于面包表面，然后在皇冠面包边缘处撒上谷物糖。
面包烘烤 使用 180℃的平炉烘烤约 25 分钟。
冷却排气 放在烤盘上进行冷却排气。

布列塔尼黄油蛋糕（布列塔尼）

这款源自布列塔尼的杜瓦讷内城镇的蛋糕是面包师伊夫-勒内·斯科克勒迪亚于1860年偶然间研发的，由富含黄油以及糖分的面团制成。在布列塔尼语中，这款蛋糕名为Kouign-Amann，其中Kouign意为“糕点”或“蛋糕”，Amann意为“黄油”。

制作 5 个布列塔尼黄油蛋糕

搅拌材料

普通面粉 T55	1000 克
牛奶	700 克
盐	25 克
发酵粉	20 克
黄油	100 克

搅拌结束

牛奶（分次加牛奶）	150 克

包裹层配料

片状黄油	800 克
细砂糖	800 克
香草荚	1

包裹层材料的配制

将香草荚揉碎并混合于细砂糖中，充分混合并保存。

制作方法

基础温度 48~52℃。

材料混合 使用搅拌器将所有搅拌材料混合于搅拌缸内。

和面 一级速度约 3 分钟。

揉面 二级速度约 6 分钟。

混合 分次添加牛奶。

面团黏度 将面团揉至柔韧的程度。

面团温度 23℃。

基础发酵 约 1 小时。

面团称重 2 千克重的生面团。

面团成形 搓面团至面团变得紧实。

醒发 约 12 小时，温度为 3℃。

包裹 将片状黄油制成 30 厘米 ×30 厘米的正方形片，将添加了香草子的糖置于片状黄油中心并折叠制成信封状。将信封状黄油置于预先制好的面团中，擀平。对折成三层后擀平。再次对折成三层。

分割 使用工具将面团压成长 26 厘米、宽 130 厘米、高 6 毫米的矩形状面团。将矩形状面团分割为 5 个 25 厘米 ×25 厘米的正方形面饼。

整形 将正方形面饼的四角向中心处折叠，翻转使折叠表面朝上并置于直径为 22 厘米的硅胶模具中。

二次发酵 约 1 小时。

面包烘烤 使用 165℃的风炉或 180℃的平炉烘烤约 45 分钟。

冷却排气 放入模具中冷却。冷却后脱模，置于烤盘上。

奶油包（旺代省）

这款源自旺代省的面包是一款极具地方特色的家庭必备奶油面包，传统上是为复活节以及婚礼而制作，在婚礼上，教父或教母将这款奶油包赠于新娘。这款面包以其椭圆形的外形以及横向的割口为特色。同时，这款受大众喜欢且带有朗姆酒香气的维也纳式的面包中由于添加了鲜奶油，所以非常油腻。

制作 7 个奶油包

发酵面团的材料

精白面粉	400 克
牛奶	250 克
发酵粉	10 克

搅拌材料

精白面粉	600 克
鸡蛋	200 克
厚奶油	200 克
盐	18 克
细砂糖	150 克
发酵粉	10 克
发酵面团	660 克

搅拌结束

细砂糖	150 克
黄油	250 克
朗姆酒	50 克

发酵面团的配制

在进行揉面的 3 小时之前，使用搅拌器将精白面粉、牛奶以及发酵粉混合在一起。静置于常温下发酵 3 小时。

制作方法

基础温度 48~52℃。
材料混合 使用搅拌器将所有搅拌材料混合于搅拌缸内。
和面 一级速度约 3 分钟。
揉面 二级速度约 5 分钟。
混合 使用一级速度逐渐添加细砂糖、黄油以及朗姆酒直至面团表面变得光滑、无孔。
面团黏度 中种面团。
面团温度 23℃。
基础发酵 约 2 小时 30 分钟。
面团称重 325 克的生面团。
面团成形 将面团揉圆。
醒发 约 30 分钟。
整形 将面团制成较短的半千克重的花式面包坯并置于铺有烘焙纸的烤盘上。
二次发酵 首先发酵约 12 小时，温度为 3℃，然后发酵约 4 小时，温度为 27℃。
装饰 数分钟内保持面团温度为 3℃以方便进行切割。
涂蛋液 鸡蛋液。
割口 一个割口。
面包烘烤 使用 160℃的平炉烘烤约 25 分钟。
冷却排气 放在烤盘上进行冷却排气。

加糖馅饼（法国北部）

这款源自法国北部的糕点通常使用加奶油的面团制成，装饰物有黄油以及白糖。因奶油含量高，致使馅饼表面凹孔较多，被称为格夫饼或格篓饼。在细砂糖是稀有品的年代，人们靠在面饼中添加蜂蜜来获得甜味。

制作 10 个加糖馅饼

加奶油面团搅拌材料

普通面粉 T55	1000 克
鸡蛋	650 克
盐	18 克
细砂糖	150 克
发酵粉	25 克
维也纳式的发酵面团	250 克

搅拌结束

黄油	500 克

装饰物

黄油	350 克
细砂糖	450 克

制作方法

基础温度 48~52℃。
材料混合 使用搅拌器将所有搅拌材料混合于搅拌缸内。
和面 一级速度约 5 分钟。
揉面 二级速度约 5 分钟。
混合 使用一级速度添加黄油直至面团表面变得光滑无孔。
面团黏度 中种面团。
面团温度 23℃。
基础发酵 首先发酵约 1 小时，然后发酵约 12 小时，温度为 3℃。
面团称重 250 克的生面团。
面团成形 将面团揉圆。
醒发 约 1 小时，温度为 3℃。
整形 将面团制成直径为 24 厘米的圆盘状并置于铺有烘焙纸的烤盘上。
二次发酵 约 3 小时，温度为 27℃。
装饰 将一些小块黄油置于馅饼上，并撒上细砂糖。无需涂蛋液。
面包烘烤 使用 200℃的平炉烘烤约 15 分钟。
冷却排气 放在烤盘上进行冷却排气。

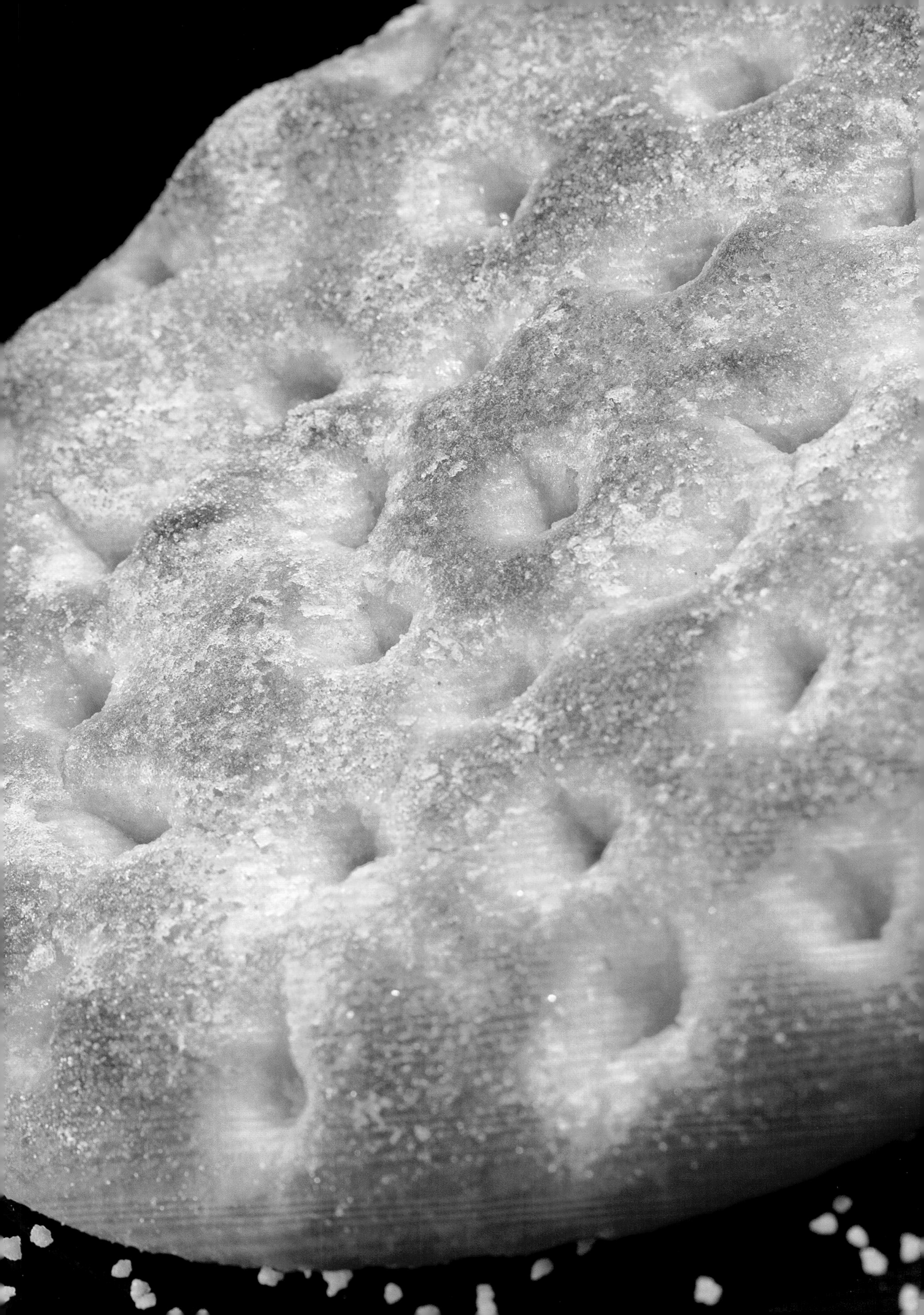

皮卡第陀螺面包（皮卡第）

这款源自法国皮卡第大区的面包于1900年作为地方性特产被人们所熟知。制作面包的面团被长时间捶打，因此得名皮卡第陀螺面包，亦因此面包黏度极小。这款面包常在农村的节日或大型家庭仪式时食用，如洗礼以及领圣体时。由于这款面包在制作时需要置于卡纳蕾面包圆柱形模具中进行烘烤，因此其形状似厨师的无檐帽。

制作 8 个皮卡第陀螺面包

搅拌材料

普通面粉 T55	1000 克
鸡蛋	750 克
蛋黄	250 克
盐	18 克
发酵粉	100 克

搅拌结束

细砂糖	430 克
黄油	650 克

制作方法

基础温度 48~52℃。
材料混合 使用铺有玻璃纸的搅拌器将所有搅拌材料混合于搅拌缸内。
和面 一级速度约 3 分钟。
揉面 三级速度约 10 分钟。
混合 使用一级速度逐渐添加细砂糖以及软化的黄油。
使用二级速度搅拌至面团表面光滑无孔。
面团黏度 将面团揉至非常柔韧的程度。
面团温度 23℃。
基础发酵 约 40 分钟。
面团称重 使用工具将 400 克的面团置于预先已涂油且直径为 160 毫米的专用模具中。
二次发酵 约 3 小时。
面包烘烤 使用 145℃风炉烘烤约 35 分钟或使用 165℃的平炉烘烤约 45 分钟。
冷却排气 放在烤盘上进行冷却排气。

蓬普油烤饼（普罗旺斯-阿尔卑斯-蓝色海岸）

这款源自法国普罗旺斯-阿尔卑斯-蓝色海岸的面包呈扁平状，味甜且带橄榄油以及柑橘香气，是圣诞节期间普罗旺斯的13种点心之一，其带有切口的外形好似被耶稣折断的面包。

制作 7 个蓬普油烤饼

搅拌材料

普通面粉 T55	1000 克
水	400 克
鸡蛋	150 克
橙汁	70 克
柠檬汁	30 克
盐	18 克
细砂糖	200 克
发酵粉	40 克
橄榄油	100 克

搅拌结束

柠檬皮	1 个
橙皮	1 个
茴香	5 克
橄榄油（分次加油）	100 克

装饰物

橄榄油	100 克

制作方法

基础温度 46~50℃。

材料混合 使用搅拌器将所有搅拌材料混合于搅拌缸内。

和面 一级速度约 3 分钟。

揉面 二级速度约 10 分钟。

混合 首先使用一级速度添加柠檬皮、橙皮以及茴香，然后添加橄榄油至面团表面光滑无孔。

面团黏度 将面团揉至柔韧的程度。

面团温度 23℃。

基础发酵 约 2 小时。

面团称重 300 克的生面团。

面团成形 将面团揉圆。

醒发 约 1 小时。

整形 将面团制成直径为 22 厘米的圆盘状面饼。使用工具在面饼上切 6 个切口，并置于铺有烘焙纸的烤盘上。

二次发酵 约 2 小时，温度为 27℃。

面包烘烤 使用 200℃平炉烘烤约 20 分钟。

装饰 在面饼上涂上橄榄油。

冷却排气 放在烤盘上进行冷却排气。

圣热尼面包（罗讷 - 阿尔卑斯）

这款源自罗讷-阿尔卑斯圣热尼河畔的面包是装饰有红色果仁糖的奶油面包。烘烤过程中，随着果仁糖的逐渐融化，面包也被增添了香味以及甜味。这款面包于1880年由皮埃尔-拉布里发明，皮埃尔-拉布里所开的面包店仍存在于村庄教堂的广场上。

制作 6 个圣热尼面包

搅拌材料

材料	用量
普通面粉 T55	1000 克
鸡蛋	300 克
牛奶	250 克
盐	22 克
细砂糖	200 克
发酵粉	20 克
液态酵母	300 克

搅拌结束

材料	用量
黄油	400 克
红色果仁糖块	400 克
柠檬皮	2 个

装饰物

材料	用量
红色果仁糖块	适量

制作方法

基础温度 48~52℃。
材料混合 使用搅拌器将所有搅拌材料混合于搅拌缸内。
和面 一级速度约 5 分钟。
揉面 二级速度约 5 分钟。
混合 首先使用一级速度添加黄油至面团表面光滑无孔，然后添加红色果仁糖块。
面团黏度 中种面团。
面团温度 23℃。
基础发酵 约 3 小时。
面团称重 480 克的生面团。
面团成形 将面团揉成椭圆形。
醒发 30 分钟。
整形 制成 30 厘米的长圆柱形并置于预先已涂油且铺有烘焙纸的模具中，模具尺寸为 30 厘米 ×8 厘米 ×8 厘米。
二次发酵 首先发酵约 12 小时，温度为 3℃，然后发酵约 3 小时，温度为 27℃。
涂蛋液 鸡蛋液。
装饰 使用剪刀在奶油面包表面制作弯曲的切口并撒上红色果仁糖块。
面包烘烤 使用 145℃风炉或 180℃平炉烘烤约 25 分钟。
冷却排气 放在烤盘上进行冷却排气。

果仁糖块馅饼（罗讷-阿尔卑斯）

这款源自罗讷-阿尔卑斯的糕点是装饰有红色果仁糖块以及鲜奶油的馅饼。

制作 8 个果仁糖块馅饼

奶油面团的搅拌材料

材料	用量
普通面粉 T55	1000 克
鸡蛋	650 克
盐	18 克
细砂糖	150 克
发酵粉	25 克
维也纳式的发酵面团	250 克

搅拌结束

材料	用量
黄油	500 克

装饰物

材料	用量
厚奶油	800 克
红色果仁糖块	1120 克

制作方法

基础温度 48~52℃。
材料混合 使用搅拌器将所有搅拌材料混合于搅拌缸内。
和面 一级速度约 5 分钟。
揉面 二级速度约 5 分钟。
混合 使用一级速度添加黄油至面团表面光滑无孔。
面团黏度 中种面团。
面团温度 23℃。
基础发酵 首先发酵约 1 小时，然后发酵约 12 小时，温度为 3℃。
面团称重 320 克的生面团。
面团成形 将面团揉圆。
醒发 约 1 小时，温度为 3℃。
整形 按压面团，将其制成直径为 28 厘米的圆盘状饼并置于铺有烘焙纸的烤盘上。
二次发酵 约 2 小时 30 分钟，温度为 27℃。
装饰 使用指间压面饼周围使其除气，并在面饼中央戳一些小孔。使用 100 克的厚奶油装饰每块面饼并撒上 140 克的果仁糖块。
涂蛋液 面饼周围涂上鸡蛋液。
面包烘烤 使用 180℃风炉烘烤约 18 分钟。
冷却排气 放在烤盘上进行冷却排气。

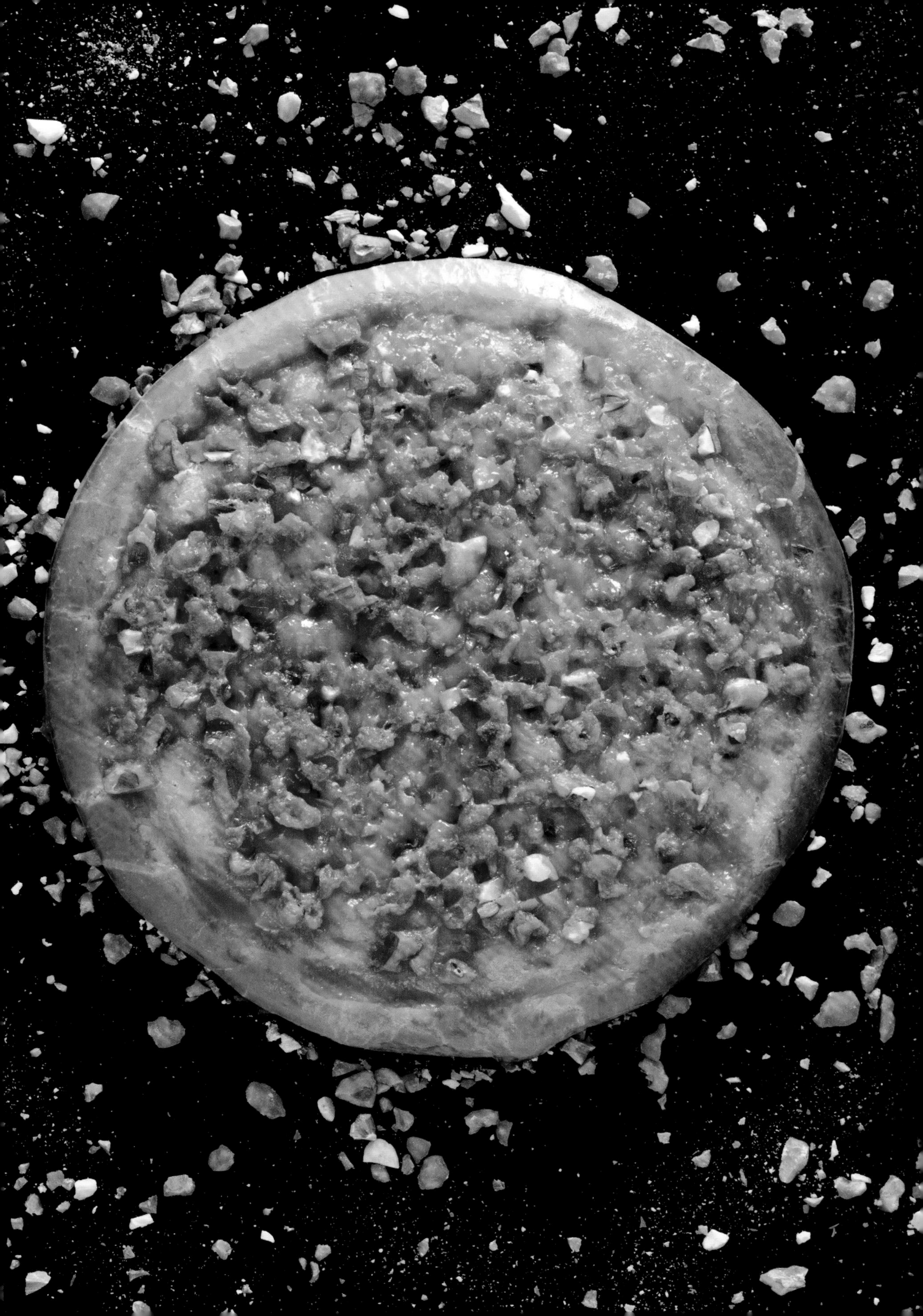

罗曼试炉面包（罗讷-阿尔卑斯）

这款源自德龙河畔伊泽尔省罗曼小城的面包，其特征是使用酵母发酵。其来源可追溯至中世纪，在那个时代，这款面包是为复活节而制作。烘烤整炉面包时人们习惯用一小块面团做试验，同时，在面团中加入鸡蛋、黄油等，因此得名试炉面包。

制作3个罗曼试炉面包

搅拌材料

材料	用量
普通面粉 T55	500 克
精白面粉	500 克
鸡蛋	350 克
橙花水	70 克
朗姆酒	40 克
橙汁	70 克
盐	24 克
发酵粉	2 克
固态酵母	450 克
黄油	250 克
黄柠檬皮	2 个
橙皮	2 个

搅拌结束

材料	用量
细砂糖	300 克

制作方法

基础温度 54~58℃。
材料混合 使用搅拌器将所有搅拌材料混合于搅拌缸内。
和面 一级速度约 3 分钟。
揉面 一级速度约 25 分钟。
混合 使用一级速度添加细砂糖至面团表面光滑无孔。
面团黏度 将面团揉至较硬的程度。
面团温度 25℃。
基础发酵 约 4 小时。
面团称重 850 克的生面团。
面团成形 将面团揉圆，且使面团变得较松软。
醒发 约 45 分钟。
整形 皇冠状。
二次发酵 首先发酵约 12~24 小时，温度为 24℃，然后发酵约 24~48 小时，温度为 3℃。
涂蛋液 鸡蛋液。
割口 正方形割口。
面包烘烤 使用 180℃平炉烘烤约 40 分钟。
冷却排气 放在烤盘上进行冷却排气。

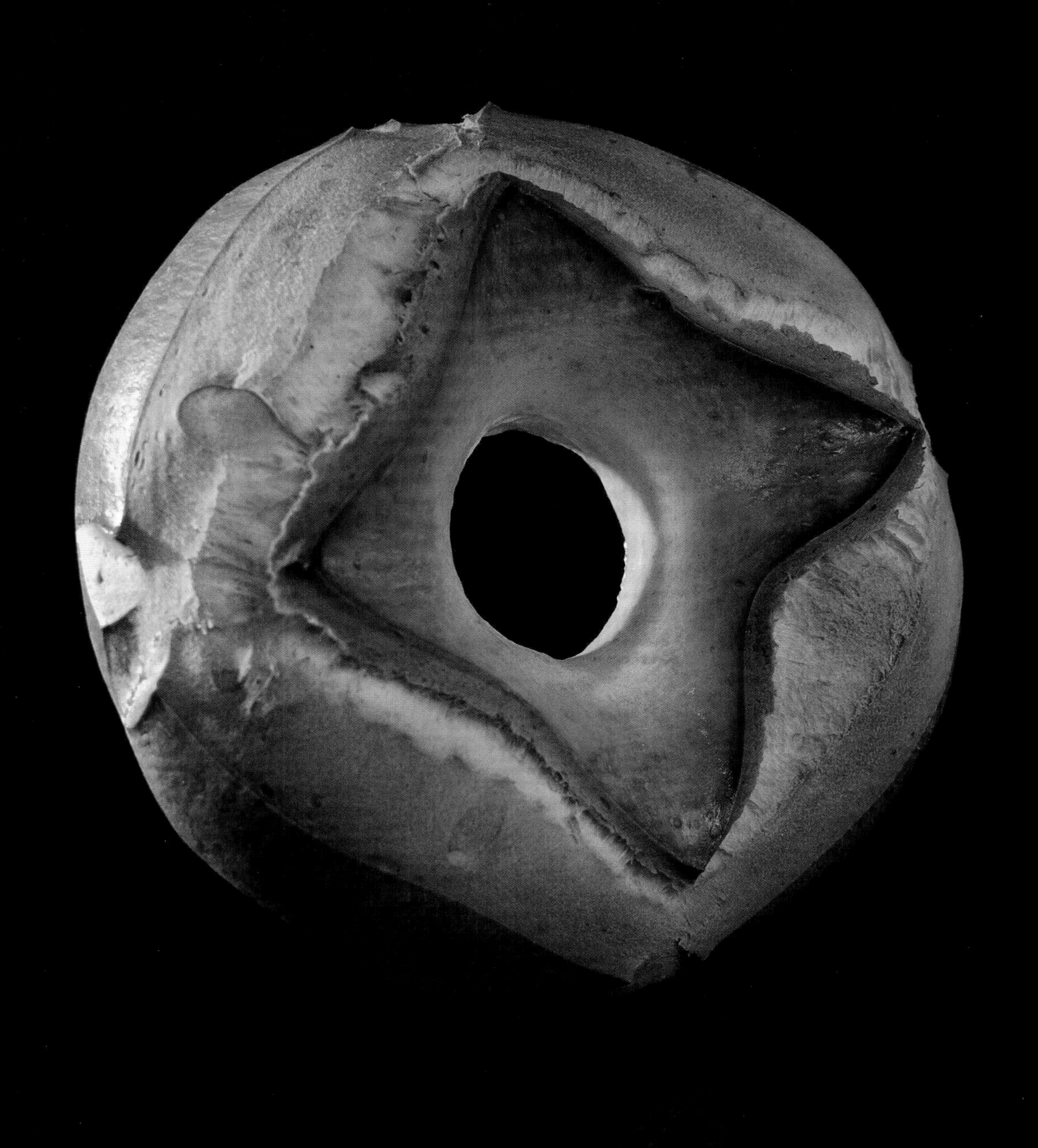

· BRIOCHES DU MONDE ·

世界奶油面包

穆娜（阿尔及利亚）

这款面包源自阿尔及利亚，更准确地说是源自奥兰，这款面包的流传得益于在此居住的法国人。传统意义上，这款面包是为复活节而制作的糕点。每逢复活节的周一，奥兰人相聚在乐佛拉穆山上，在草地上吃甜点，他们品尝着这款带有柑橘味以及橙花香味的经典奶油面包。20世纪60年代，居住在阿尔及利亚的法国人被遣送回国，这款面包也随之在法国南部传播。

制作 1 块穆娜（面团 1500 克）

搅拌材料

材料	用量
普通面粉 T55	1000 克
鸡蛋	200 克
牛奶	250 克
橙花水	50 克
盐	22 克
细砂糖	200 克
发酵粉	25 克
液态酵母	300 克

搅拌结束

材料	用量
软化的黄油	400 克
柠檬皮	2 个
橘皮	2 个
茴香子	10 克

装饰物

材料	用量
谷物糖	适量

制作方法

基础温度 48~52℃。
材料混合 使用搅拌器将所有搅拌材料混合于搅拌缸内。
和面 一级速度约 5 分钟。
揉面 二级速度约 5 分钟。
混合 使用一级速度添加黄油直至面团光滑无孔。添加果皮以及小茴香子。
面团黏度 中种面团。
面团温度 23℃。
基础发酵 约 2 小时 30 分钟。
面团称重 1500 克的小面团。
面团成形 将面团揉成椭圆形。
醒发 2 小时，温度为 3℃。
整形 将面团整形为 40 厘米的圆柱形面团，并置于预先已涂油的模具中（模具尺寸为 40 厘米 ×12 厘米 ×12 厘米）。
二次发酵 首先发酵约 12 小时，温度 3℃，然后发酵约 3 小时，温度为 27℃。
涂蛋液 鸡蛋液。
装饰 使用小刀在奶油面包表面划出切口（如图所示），随后撒上谷物糖。
面包烘烤 使用 145℃风炉或 180℃平炉烘烤约 50 分钟。
冷却排气 放在烤盘上进行冷却排气。

史多伦（德国）

这款源自德国的糕点又名圣诞史多伦。这款非常浓郁型的圣诞面包具有可保存数周的独特性。蜜饯糖果、酒精、杏仁糊等丰富的馅料也使其成为德国人最喜爱的圣诞糕点之一。

制作 8 块史多伦

搅拌材料

材料	用量
普通面粉 T55	1000 克
牛奶	450 克
盐	22 克
细砂糖	80 克
蜂蜜	40 克
发酵粉	20 克
液态酵母	300 克
黄油	100 克

搅拌结束

材料	用量
黄油	300 克
浸软的水果干	1125 克

浸软的水果干

材料	用量
科林斯葡萄干	500 克
块状香橙蜜饯	250 克
块状柠檬蜜饯	250 克
樱桃酒	130 克
橘皮、柠檬皮	各 1 个

杏仁面团

材料	用量
杏仁含量为 50% 的杏仁面团	400 克

装饰物

材料	用量
化黄油	200 克
细砂糖	100 克
糖霜	适量

浸软水果干的配制

使用樱桃酒浸泡果皮及葡萄干、块状香橙蜜饯以及柠檬蜜饯，浸泡时间为 12 小时。

制作方法

基础温度 48~52℃。
材料混合 使用搅拌器将所有搅拌材料混合于搅拌缸内。
和面 一级速度约 3 分钟。
揉面 一级速度约 20 分钟。
混合 使用一级速度添加黄油直至面团变得光滑无孔。添加葡萄干以及水果蜜饯。
面团黏度 中种面团。
面团温度 23℃。
基础发酵 约 2 小时。
面团称重 430 克的生面团。
面团成形 将面团揉圆。
醒发 约 45 分钟。
整形 在柱形面团短边的三分之二处与长边平行割一个割口，将长圆柱形杏仁面团置于割口处。将另外三分之一的面团折叠于杏仁面团之上并将面团中间处重新切割。将面团置于预先已涂油的模具中（模具尺寸为 18 厘米 ×8 厘米 ×8 厘米）。
二次发酵 约 3 小时。
面包烘烤 使用 170℃平炉烘烤约 35 分钟。
装饰 将面包浸入已软化的黄油使其充分吸收 5 分钟。在细砂糖中滚动面包，并撒上糖霜。
冷却排气 放在烤盘上进行冷却排气。

葡萄干奶油面包（比利时）

葡萄干奶油面包同样非常著名，其在荷兰语中名为Kramiek。这种装饰有葡萄干及珍珠糖的奶油面包在法国北部非常多见，同时，深受比利时人民的喜爱，经常被作为早餐食用。

制作 10 块葡萄干奶油面包

搅拌材料

材料	用量
普通面粉 T55	1000 克
鸡蛋	600 克
盐	22 克
细砂糖	100 克
发酵粉	20 克
液态酵母	300 克

搅拌材料

材料	用量
黄油	400 克
浸软的葡萄干	630 克
珍珠糖块	400 克

浸软的葡萄干

材料	用量
葡萄干	500 克
水	180 克

装饰物

材料	用量
珍珠糖块	适量

葡萄干的配制

烧水至沸腾。
用热水浇葡萄干，并静置。

制作方法

基础温度 48~52℃。
材料混合 使用搅拌器将所有搅拌材料混合于搅拌缸内。
和面 一级速度约 5 分钟。
揉面 二级速度约 5 分钟。
混合 使用一级速度添加黄油直至面团变得光滑无孔。
添加浸软的葡萄干以及珍珠糖块。
面团黏度 中种面团。
面团温度 23℃。
基础发酵 约 2 小时 30 分钟。
面团称重 345 克的生面团。
面团成形 将面团揉圆。
醒发 约 30 分钟。
整形 轻轻揉面团并置于预先已涂油的模具中（模具尺寸为 10 厘米 ×10 厘米 ×10 厘米）。
二次发酵 约 2 小时 30 分钟，温度为 27℃。
涂蛋液 鸡蛋液。
面包划口 使用小刀在面团表面划一个“十”字，并撒上珍珠块糖。
面包烘烤 使用 145℃风炉或 180℃平炉烘烤约 25 分钟。
冷却排气 放在烤盘上进行冷却排气。

列日华夫饼（比利时）

列日华夫饼的制作方法可追溯至十八世纪，由比利时列日王子的厨师发明。制作这道甜点时，他本人曾想过通过在方格铁模里烘烤撒有珍珠糖的奶油面团的方式来制作，后来，偶然中竟做出了这款理想的酥软甜点。列日华夫饼的制作方法获得了巨大成功，目前，已成为当地的特色美食之一。

制作 31 块列日华夫饼

搅拌材料

普通面粉 T55	1000 克
鸡蛋	300 克
牛奶	300 克
盐	18 克
软化糖	80 克
发酵粉	60 克
维也纳式的发酵面团	250 克

搅拌结束

黄油	500 克
珍珠块糖	600 克

制作方法

基础温度 46~50℃。
材料混合 使用搅拌器将所有搅拌材料混合于搅拌缸内。
和面 一级速度约 3 分钟。
揉面 二级速度约 5 分钟。
混合 使用一级速度添加黄油直至面团光滑无孔。
面团黏度 中种面团。
面团温度 23℃。
混合 基础发酵 20 分钟后添加珍珠块糖。
基础发酵 约 1 小时。
面团称重 100 克的生面团。
面团成形 将面团揉圆。
二次发酵 约 1 小时。
面包烘烤 在预热至 180℃的大网格华夫饼铁模上烘烤约 3 分钟。
冷却排气 放在烤盘上进行冷却排气。

甜甜圈（美国）

这款源自美国的油炸环形面包圈在美国极受欢迎。甜甜圈版本多样，其糖衣颜色多变。如今，鲜有北美的面包师继续使用他们自己的制作方法，其原因在于几十年以来，甜甜圈的做法一直在变化和改良。

制作 22 块甜甜圈

搅拌材料		搅拌结束	
普通面粉 T55	1000 克	黄油	200 克
鸡蛋	250 克		
牛奶	350 克	**装饰物**	
盐	20 克	细砂糖	适量
细砂糖	100 克		
发酵粉	10 克		
维也纳式的发酵面团	200 克		
泡打粉	10 克		
香草液	5 克		
香草荚	1		

制作方法

基础温度 48~52℃。
材料混合 使用搅拌器将所有搅拌材料混合于搅拌缸内。
和面 一级速度约 5 分钟。
揉面 二级速度约 5 分钟。
混合 使用一级速度添加黄油直至面团光滑无孔。
面团黏度 中种面团。
面团温度 23℃。
基础发酵 约 40 分钟。
面团成形 使用压机将面团厚度压至 6 毫米。
分割 使用直径为 9 厘米的圆形模具将成形的面团切割出圆形面团，并借助直径为 4 厘米的圆形模具将圆形面团的中间切掉，将面包圈坯置于烘焙专用的玻璃纸上。
二次发酵 约 1 小时，温度为 27℃。
面包烘烤 将烤箱预热至 180℃，将面包圈坯各个面烘烤约 1 分钟。
冷却排气 放在放在烤盘上进行冷却排气。
装饰 在细砂糖中滚动甜甜圈。

潘娜托尼（意大利）

这款源自意大利的甜点的特征是仅仅依靠酵母进行发酵。其富含糖渍水果的组成成分、独一无二的芳香及结构使其成为意大利人以及定居在国外的意大利人特别喜欢的圣诞节应景的奶油面包。

制作 17 块潘娜托尼

搅拌材料

材料	用量
清洗酵母	
固态酵母	600 克
38℃的水	1000 克
细砂糖	5 克

第一次溶解酵母

材料	用量
清洗后的固态酵母	600 克
精白面粉	600 克
30℃的水	180 克

第二次溶解酵母

材料	用量
第一次溶解后的固态酵母	600 克
精白面粉	600 克
30℃的水	300 克

第三次溶解酵母

材料	用量
第二次溶解后的固态酵母	1000 克
精白面粉	1000 克
30℃的水	500 克

第四次加面粉

材料	用量
细砂糖	875 克
30℃的水	500 克
蛋黄	625 克
第三次溶解后的固态酵母	1500 克
精白面粉	2000 克
蛋黄	500 克
水	350 克
黄油	1125 克

清洗酵母

将酵母浸入事先已加糖的水中 30 分钟。

第一次溶解酵母

使用搅拌器的一级速度将所有材料混合。静置发酵约 3 小时，温度为 30℃。

第二次溶解酵母

使用搅拌器的一级速度将所有材料混合。静置发酵约 3 小时，温度为 30℃。

第三次溶解酵母

使用搅拌器的一级速度将所有材料混合。静置发酵约 2~3 小时。

第四次溶解酵母

将 875 克的糖及 30℃的水 500 克倒入和面槽，并使用搅拌器一级速度充分混合。依次加入蛋黄 625 克以及第三次溶解后的酵母 1500 克，使用搅拌器一级速度充分搅拌 2 分钟。加入 2 千克面粉、500 克蛋黄以及 350 克水。在面团表面开始变得光滑的第一时间加入黄油并重新揉面团使其变得光滑。将面团置于涂抹了黄油的面盆中并加盖。用已软化的黄油涂刷面团表面，静置于 27℃的温度下使其发酵，直至面团体积增至原体积的三倍大小（约 12 小时）。

世界奶油面包

最终搅拌

材料	用量
潘娜托尼面团	7475 克
第四次溶解后的酵母	1125 克
蛋黄	450 克
细砂糖	325 克
蜂蜜	100 克
黄油	600 克
盐	90 克
香草荚	5 克
糕点奶油	170 克

浸软的葡萄干

材料	用量
葡萄干	1000 克
橙汁	300 克
橙皮	5 个

装饰物

材料	用量
块状香橼蜜饯	1000 克
块状橙皮蜜饯	1000 克
浸软的葡萄干	1300 克

酥饼层

材料	用量
榛子粉	800 克
淀粉	100 克
细砂糖	650 克
蛋白	600 克

精加工

材料	用量
糖霜	适量

浸泡葡萄干的配制

将葡萄干以及橙皮浸泡于水中，至少 12 小时。

酥饼层的配制

将所有材料混合。

制作方法

基础温度 48℃至 52℃ 。
材料混合 使用螺旋式搅拌器，进行第四次溶解酵母，将面粉放入搅拌缸内。
和面 一级速度约 3 分钟。
混合 加入蛋黄。
揉面 二级速度搅拌约 5 分钟，直至面团与搅拌缸体分离。
材料混合 使用一级速度依次添加糖、蜂蜜、黄油、盐、香草子以及糕点奶油。当面团表面开始变得光滑的第一时间使用一级速度分两次添加装饰品。
面团黏度 面团柔软富有弹性。
面团温度 24℃。
基础发酵 约 1 小时。
面团称重 800 克的生面团。
面团成形 将面团揉圆。
醒发 约 15 分钟。
整形 轻轻滚动面团并置于潘娜托尼的模具中（模具直径为 21 厘米，高为 6 厘米）。
二次发酵 约 6~7 小时，温度为 27℃。
装饰 将酥饼层涂抹于潘娜托尼表面并均匀地撒上糖霜。
面包烘烤 使用 150℃风炉烘烤约 40 分钟。
冷却排气 至少在 2 小时后，使用专为此而备的刀具轻铲潘娜托尼底部。

菠萝包

菠萝包是日本最受欢迎的面包美食之一。人们随处都可以买到菠萝包。它是一种内醇外酥的小面包。其圆形带方格的外观使人联想到罗马甜瓜，其名亦来源于此。

制作 60 块菠萝包

搅拌材料

材料	用量
普通面粉 T55	1000 克
水	450 克
鸡蛋	150 克
盐	18 克
细砂糖	200 克
发酵粉	30 克
维也纳式的发酵面团	400 克
奶粉	30 克
黄油	150 克

加糖面团

材料	用量
普通面粉 T55	875 克
泡打粉	9 克
黄油	310 克
细砂糖	310 克
鸡蛋	310 克

加糖面团的配制

将面粉以及发酵粉过筛。将黄油以及细砂糖混合于铺有玻璃纸的搅拌器内。添加鸡蛋液、面粉以及泡打粉。将面团分割为 60 个称重为 30 克的生面团，揉圆面团并置于两张玻璃纸中间，挤压至其直径达到 7 厘米。

制作方法

基础温度 46~50℃。
材料混合 使用搅拌器将所有搅拌材料混合于搅拌缸内。
和面 一级速度约 3 分钟。
揉面 二级速度约 8 分钟。
面团黏度 中种面团。
面团温度 23℃。
基础发酵 约 1 小时。
面团称重 40 克的生面团。
面团成形 将面团揉圆。
醒发 约 15 分钟。
整形 揉圆分割好的生面团，利用放置加糖面团的圆盘覆盖生面团。
轻揉使加糖面团完全包裹住生面团。使用菠萝包专用压模在加糖面团表面划出菱形，并置于铺有烘焙专用玻璃纸的烤盘上。
二次发酵 约 2 小时，温度为 27℃。
面包烘烤 使用 200℃平炉烘烤约 15 分钟。
冷却排气 放在烤盘上进行冷却排气。

贝壳面包（墨西哥）

源自墨西哥的贝壳面包的特点是其形似贝壳。在西班牙语中，Concha意为“贝壳”。这款颜色多变的奶油面包是在墨西哥食用最多的面包之一。需要注意的是，制作这款面包时，需要用工具在加糖面团表面划出扇贝状图案。

制作 50 块贝壳面包

搅拌材料		可可加糖面团	
普通面粉 T55	1000 克	普通面粉 T55	200 克
牛奶	300 克	可可粉	50 克
鸡蛋	250 克	糖霜	250 克
蛋黄	40 克	黄油	250 克
盐	18 克	辣椒粉	适量
细砂糖	150 克	桂皮粉	适量
发酵粉	40 克		
维也纳式的发酵面团	250 克		
黄油	200 克		

配制可可加糖面团

使用带有玻璃纸的搅拌器将所有材料混合在一起。将面团分为称重为 50 个 15 克的小面团，揉圆小面团并轻压至其直径为 6 厘米。

制作方法

基础温度 44~48℃ 。
材料混合 使用搅拌器将所有搅拌材料混合于搅拌缸内。
和面 一级速度约 3 分钟。
揉面 二级速度约 9 分钟。
面团黏度 中种面团。
面团温度 23℃。
基础发酵 约 1 小时。
面团称重 45 克的生面团。
面团成形 将面团揉圆。
醒发 30 分钟。
整形 将分割好的生面团揉圆，并置于可可加糖面团之上。
轻轻挤压至两个面团的直径相同。使用制作贝壳面包的专用小刀在加糖面团表面划出扇贝状图案，并置于铺有烘焙专用玻璃纸的烤盘上。
二次发酵 约 2 小时，温度为 27℃。
面包烘烤 使用 200℃平炉烘烤约 15 分钟。
冷却排气 放在烤盘上进行冷却排气。

亡灵面包（墨西哥）

这款源自墨西哥的面包同样以“亡灵面包”之名而著称。每年的亡灵节，这款奶油面包被制作并作为祭品贡给亡者。

制作 6 块亡灵面包

搅拌材料

材料	用量
普通面粉 T55	1000 克
鸡蛋	250 克
蛋黄	80 克
牛奶	200 克
橙花水	30 克
盐	18 克
细砂糖	150 克
发酵粉	40 克
橙皮	1

搅拌结束

材料	用量
黄油	200 克

装饰物

材料	用量
化黄油	适量
细砂糖	适量

制作方法

基础温度 48~52℃ 。

材料混合 使用搅拌器将所有搅拌材料混合于搅拌缸内。

和面 一级速度约 3 分钟。

揉面 二级速度约 6 分钟。

混合 使用一级速度添加黄油直至面团表面光滑无孔。

面团黏度 中种面团。

面团温度 23℃。

基础发酵 约 1 小时。

面团称重 分割成 6 个 225 克的生面团，18 个 30 克的生面团以及 6 个 10 克的生面团。

面团成形 将重 225 克以及 10 克的生面团揉圆。拉伸重 30 克的生面团。

醒发 约 30 分钟。

整形 将 225 克的生面团揉圆，并置于铺有烘焙专用玻璃纸的烤盘上。
将 30 克的生面团加工成 6 个与小面球相连的珠串状面团。将 3 个珠串状面团围在 225 克的面团的四周。将 10 克的生面团置于两种面团的相连之处。

二次发酵 约 2 小时，温度为 27℃。

面包烘烤 使用 150℃风炉烘烤约 25 分钟。

冷却排气 放在烤盘上进行冷却排气。

装饰 将亡灵面包浸入化黄油中使其充分吸收充分浸泡 5 分钟。在细砂糖中滚动亡灵面包。

黄油辫子面包（瑞士）

这款在瑞士非常著名的面包现如今已成为星期天做礼拜时不可或缺的早餐。

制作 4 块黄油辫子面包

搅拌材料

普通面粉 T55	1000 克
水	275 克
牛奶	275 克
盐	18 克
细砂糖	40 克
发酵粉	30 克
维也纳式的发酵面团	250 克
黄油	200 克

制作方法

基础温度	46~50℃。
材料混合	使用搅拌器将所有搅拌材料混合于搅拌缸内。
和面	一级速度约 3 分钟。
揉面	二级速度约 6 分钟。
面团黏度	中种面团。
面团温度	23℃。
基础发酵	约 45 分钟。
面团称重	250 克的生面团。
面团成形	将面团拉伸至 15 厘米。
醒发	约 1 小时，温度为 3℃。
整形	制成 55 厘米长且两端纤细的条状面团。 将两个条状面团拧成辫子状。
涂蛋液	鸡蛋液。
二次发酵	首先发酵约 12 小时，温度为 3℃；然后发酵约 30 分钟，温度为 27℃。
涂蛋液	鸡蛋液。
面包烘烤	使用 220℃平炉烘烤约 30 分钟。
冷却排气	放在烤盘上进行冷却排气。

俄罗斯辫子面包

制作 8 块俄罗斯辫子面包

搅拌材料

奶油面团	
普通面粉 T55	1000 克
鸡蛋	650 克
盐	18 克
细砂糖	150 克
发酵粉	25 克
维也纳式的发酵面团	250 克

搅拌结束

黄油	500 克

杏仁奶酥

糖霜	650 克
生杏仁粉	650 克
普通面粉 T55	200 克
鸡蛋	500 克
朗姆酒	50 克

冰块

水	240 克
朗姆酒	30 克
糖霜	1350 克

杏仁奶酥的配制

首先将糖霜与生杏仁粉混合，其次将所有材料混合。

冰块的配制

将所有材料混合并使用探针搅拌器进行搅拌。注意：最好配制比实际需求量更多的大量冰块，这样更有助于面包的冷却。

制作方法

基础温度 48~52℃。
材料混合 使用搅拌器将所有搅拌材料混合于搅拌缸内。
和面 一级速度约 5 分钟。
揉面 二级速度约 5 分钟。
混合 使用一级速度添加黄油直至面团表面变得光滑无孔。
面团黏度 中种面团。
面团温度 23℃。
基础发酵 约 30 分钟。
面团称重 320 克的生面团。
面团成形 将面团切割为长方形，越规则越好。
醒发 约 2 小时，温度为 3℃。
整形 将面团整形成 40 厘米 ×30 厘米的长方形面团。使用 250 克的杏仁奶酥装饰面团。将面团揉匀。将面团切成两个长圆柱面团，并将两个面团卷成螺旋形。将整形好的面团置于预先已涂油并铺有烘焙纸的模具（模具尺寸为 30 厘米 ×8 厘米 ×8 厘米）。
二次发酵 首先发酵约 12 小时，温度为 3℃，然后发酵约 3 小时，温度为 27℃。
面包烘烤 使用 150℃风炉烘烤约 30 分钟。
装饰 趁热时进行装饰，在面包上覆上碎冰块。
面包烘烤 打开排烟管，使用 90℃风炉烘烤约 4 分钟使冰块升华。
冷却排气 放在烤盘上进行冷却排气。

· DOUCEURS BOULANGÈRES ·

小甜点

柠檬蛋糕

制作 9 块柠檬蛋糕

配制材料

普通面粉 T55	750 克
泡打粉	12 克
细砂糖	600 克
软化糖	200 克
黄柠檬皮	4 个
青柠檬皮	2 个
鸡蛋	600 克
液态鲜奶油	200 克
朗姆酒	20 克
盐	1 克
榛子酱	350 克

柠檬糖浆

细砂糖	130 克
水	90 克
青柠檬汁	40 克
黄柠檬汁	90 克

柠檬冰淇淋

糖霜	800 克
青柠檬汁	80 克
黄柠檬汁	180 克
朗姆酒	20 克

柠檬糖浆

将柠檬清洗干净、去皮并压汁。将水与细砂糖混合并煮沸，并将柠檬皮加入其中，覆以薄膜，冷藏于冰箱。将柠檬汁添加于冷藏后的柠檬水中。

柠檬冰淇淋的配制

将所有材料混合在一起。

制作方法

面粉及发酵粉过筛。
使用搅拌器将细砂糖、软化糖及柠檬皮混合在一起。
添加鸡蛋并快速搅拌。
添加液态鲜奶油、朗姆酒及盐。
添加榛子酱。
轻轻匀速添加面粉及泡打粉。
将混合物倒入预先已涂油的模具中（模具尺寸为 24 厘米 ×5 厘米 ×5 厘米）。
使用 155℃风炉烘烤约 20 分钟。
为蛋糕涂上柠檬糖浆。
放在烤盘上冷却蛋糕。
为蛋糕涂上柠檬冰淇淋。
打开排烟管，使用 90℃风炉烘烤约 4 分钟烤干柠檬冰淇淋。

波尔多卡纳蕾

这款蛋糕第一次被制作可追溯至1519年。当时，阿依斯亚德修道院的修女们利用从河岸回收的面粉、来自岛上的朗姆酒以及未被用于过滤葡萄酒的蛋黄制作糕点，并将这些糕点发给穷人。1830年，这个糕点的制作方法被一位波尔多糕点师再利用，并被应用到人人皆知的地方性特产的制作过程中。外表小巧可爱，酥脆可口，外皮诱人，内馅蓬松柔软、朗姆酒香芬芳馥郁也使得这款小甜点备受人们喜爱。

制作 24 块波尔多卡纳蕾

配制材料

牛奶	1000 克
黄油	50 克
香草荚	2 个
普通面粉 T55	180 克
细砂糖	500 克
蛋黄	100 克
鸡蛋	100 克
朗姆酒	50 克

油酥

黄油	200 克
蜂蜡	100 克

油酥配制

同时软化黄油及蜂蜡。
为模具涂油。

制作方法

揉搓香草荚。将黄油及香草子置于牛奶中并煮沸。
将面粉与细砂糖混合，并添加鸡蛋、蛋黄以及朗姆酒。
匀速搅拌并添加微温的牛奶。
将面团在 3℃的条件下静置 12~24 小时。
将醒好的面团放于模具中，面团与模具边缘预留 5 毫米的空隙。
打开排烟管，使用 185℃风炉烘烤约 45 分钟。
待模具微温，放在烤盘上将蛋糕脱模。

曲奇饼干

这些小饼干源自美国马萨诸塞州，由露丝·格雷夫斯·韦克菲尔德于1930年偶然间在一家名为*Toll house*的旅馆中发明。当时，她在制作黄油饼干，制作过程中她在面团中添加了雀巢碎巧克力，并认为巧克力将会融化并与面团融为一体。事实并非如此：烘烤后，碎巧克力形状及硬度并无变化，但是，这种饼干却得到了顾客的喜爱。这款饼干获得巨大成功，销售的火爆使得雀巢的厂商决定将这款饼干的制作投入市场，并决定向这款饼干的研发者露丝·格雷夫斯·韦克菲尔德长期无偿提供她需要使用的所有巧克力。

制作 20 块曲奇饼干

配制材料

普通面粉 T55	300 克
泡打粉	5 克
黄油	225 克
细砂糖	200 克
红糖	220 克
盐	3 克
鸡蛋	100 克
花生油	300 克
可可含量为 64% 的巧克力币	90 克

制作方法

面粉及发酵粉过筛。
使用铺有玻璃纸的搅拌器将黄油、细砂糖以及盐搅拌成奶油状。
添加鸡蛋液。
添加面粉及泡打粉。
首先添加花生油，其次添加碎巧克力币。
分割为 70 克的圆形面团。
将圆形面团置于铺有烘焙纸的烤盘上。
用手轻压圆形面团。
使用 170℃风炉烘烤约 12 分钟。
在烤盘上冷却排气 15 分钟。

可丽饼

可丽饼的起源可追溯至公元前7000年，那个时代，可丽饼还只是一种在高温且平整的石头上烤熟的又大又厚的煎饼。由于十字军东征时发现了荞麦的醇香，可丽饼于13世纪在布列塔尼被重新调整配方并制作。20世纪初，直至白面粉的出现，它的配方越来越接近目前人们熟知的可丽饼。传统意义上，可丽饼与圣蜡节以及油腻星期二紧密相关。

制作 23 块可丽饼

配制材料

普通面粉 T55	500 克
盐	5 克
细砂糖	25 克
鸡蛋	250 克
牛奶	1100 克
黄油	15 克
香草荚	1 个

制作方法

揉搓香草荚。
使用搅拌器混合所有材料。
醒面至少 3 小时，温度为 3℃。
加热直径为 26 厘米的平底锅，直至平底锅轻微冒烟。
轻轻地为平底锅涂黄油。
向平底锅内倒一勺可丽饼糊，约 75 克，以完整地覆盖锅底。
每块可丽饼烘烤约 30 秒钟，随后将可丽饼翻面继续烘烤。
继续烘烤约 10 秒钟。
烘烤的同时，将可丽饼对折并置于盘内，以保证可丽饼的味道可口。

杏仁脆饼干

这款源自法国塔恩省迷人的谢河畔科尔德城镇的杏仁糕点第一次被制作可追溯至17世纪。在那个时期，这个地区的杏树、杏仁不计其数，而人们当时并不知道杏仁还有其他用途。相传这个城镇的一个小旅馆老板使用杏仁、细砂糖以及蛋清制作饼干并将它作为加亚克产区葡萄酒的下酒糕点，因此诞生了这款精致、小巧的脆皮饼干。这款点心酥脆又精致，色泽金黄又含焦糖之香味。

制作 31 块杏仁脆饼干

配制材料

杏仁	125 克
蛋白	70 克
细砂糖	230 克
法国传统面粉 T65	50 克

制作方法

粗略地碾碎杏仁。
将所有材料混合在一起。
将混合制品置于硅胶模具中，每份 15 克。
使用 170℃风炉烘烤约 15 分钟。
饼干冷却。
将饼干脱模。

布列塔尼法荷蛋糕

布列塔尼法荷蛋糕是布列塔尼的特产。这款蛋糕最初被穷人食用，由带咸味的燕麦糊制成，是布列塔尼人几乎每天必备的食物。但为适应节日需求，这款蛋糕的配方稍有改进，味道也由带有咸味变为带有甜味，并加入了水果干（李子干、苹果干或葡萄干）或其他香料（朗姆酒、橙花、香草等），其中，加入李子干的做法最为普及。

制作 3 块李子干法荷蛋糕

配制材料

配制材料	
普通面粉 T55	150 克
鸡蛋液	150 克
细砂糖	100 克
香草荚	1 个
牛奶	500 克
李子干	180 克

制作方法

揉搓香草荚。使用搅拌器将面粉、鸡蛋液、细砂糖以及香草子混合在一起。

匀速添加牛奶。

至少静置 12 小时，温度为 3℃。

在 3 个尺寸为 15 厘米 ×10 厘米的模具内部涂上黄油。

在每个模具内均匀撒上 60 克李子干。

使用搅拌器轻轻搅拌奶酥，随后倒入模具盘子中，无需移动李子干。

首先使用 165℃风炉烘烤约 25 分钟，然后调温至 200℃烘烤约 8 分钟。

将蛋糕放在模具上冷却。

南特点心

这款点心可令人回忆起人们关于南特与安的列斯群岛的海上贸易及交易。这款点心于1820年被一个烤饼商人第一次制作，他在制作饼的过程中添加了来自安的列斯群岛的甘蔗糖以及朗姆酒。这是一款带有异域香气的可口甜点，保存时间很长，若包装完好且置于凉爽之地，保质期可达一月之久。

制作 18 块南特点心

配制材料		加糖面	
普通面粉 T55	120 克	糖霜	390 克
泡打粉	10 克	水	60 克
黄油	380 克	白朗姆酒	5 克
细砂糖	450 克		
白杏仁粉	300 克		
鸡蛋液	450 克		
朗姆酒	90 克		

糖面配制

将所有配料混合在一起。

制作方法

将面粉及泡打粉过筛。
使用铺有玻璃纸的搅拌器将黄油以及细砂糖搅拌成奶油状。
首先添加白杏仁粉，然后添加鸡蛋液。
添加并混合面粉及泡打粉。
添加朗姆酒。
将奶酥倒入直径为 10 厘米且预先已涂油的圆形模具中。
放入 180℃风炉烘烤约 20 分钟。
取出后，放在烤盘上冷却点心。
为每块南特点心上涂 25 克糖面。

华夫饼

华夫饼是法国传统糕点之一。在中世纪时期制作的华夫饼呈圆形，放在加热后的两块金属板之间而烘烤而成，当时这款点心被命名为“蛋卷”。同时期，一位铁匠设想使用与蜂窝相似的模具制造华夫饼，华夫饼这个名字也因此而来（法语中的walfre意为蜂巢）。

制作 15 块华夫饼

配制材料

鸡蛋液	200 克
法国传统面粉 T65	600 克
细砂糖	150 克
榛子酱	200 克
牛奶	1000 克
泡打粉	20 克
盐	1 克

装饰物

糖霜	适量

制作方法

过滤蛋液。
将除蛋清外的所有材料混合在一起。
打发蛋清。
将打发好的蛋清混合于配制材料中。
搅拌面糊。
将制作华夫饼专用的大网格状铁质模具预热至 220℃。
将 140 克华夫饼面糊倒入铁质模具中。
将铁质模具扣严并翻面。
烘烤约 1 分钟后重新翻面。
烘烤约 2 分钟。
在华夫饼上撒上糖霜。

香料蜜糖面包

香料蜜糖面包的食用历史要追溯到很久以前。古埃及人、古希腊人以及古罗马人都食用带有蜂蜜以及香料的面包。现如今人们经常食用的香料蜜糖面包真正的研发者是中国人。当时，成吉思汗西征，这款面包是战士们的日需食物之一。成吉思汗将这款面包传播至阿拉伯地区。西方人十字军东征时在圣地发现了这款面包并将其制作方法以及香料带回。因此，这款面包得以在德国以及阿尔萨斯广为传播，在这两个国家，香料蜜糖面包的制作十分盛行。随后，这款面包的制作在法国逐渐传播，并成为食品杂货商的特卖面包。

制作 1 块香料蜜糖面包

配制材料

法国传统面粉 T65	270 克
山梨糖醇	15 克
小苏打	5 克
盐	1 克
桂皮粉	6 克
生姜粉	3 克
多香果粉	2 克
牛奶	150 克
蜂蜜	320 克
榛子酱	150 克
橙皮	1 个

橙皮糖浆

蜂蜜	25 克
橙汁	100 克

橙皮糖浆的配制

将蜂蜜以及橙汁煮沸。

制作方法

将面粉、山梨糖醇、小苏打、盐及香料过筛。
将蜂蜜加热到 45℃。
将牛奶、蜂蜜、榛子酱以及橙皮混合在一起。
将液体配料以及粉状配料混合在一起。
将 900 克配料成品倒入模具中（模具尺寸为 30 厘米 ×8 厘米 ×8 厘米）。
放入 155℃风炉烘烤约 40 分钟。
使用微温的橙皮糖浆浸湿香料蜜糖面包。

司康饼

源自苏格兰，尤其受大不列颠人喜爱的司康饼是一款小点心，口感介于面包及奶油蛋糕之间，多在早餐或下午茶时食用。食用时，可选择原味，加葡萄干或者将司康饼按高度一分为二并抹上黄油、果酱或奶油等食用方法，或者同时抹上三种辅助作料。

制作 25 块司康饼

配制材料

法国传统面粉 T65	1000 克
泡打粉	50 克
盐	10 克
黄油	160 克
细砂糖	180 克
鸡蛋液	210 克
发酵牛奶	300 克

装饰物

蛋黄液	适量

制作方法

面粉、泡打粉以及盐过筛。
使用铺有玻璃纸的搅拌器将黄油、细砂糖以及盐搅拌成奶油状。
添加鸡蛋液以及发酵牛奶。
添加粉状配料。
将面团静置 5 分钟。
将面团压至 13 毫米。
将面团制成直径为 6 厘米的司康饼并以背面朝外的方式置于已铺有油纸的烤盘上。
司康饼表层涂上蛋黄液，5 分钟后，再次涂蛋黄液。
使用 200℃平炉烘烤约 15 分钟。

月桂焦糖饼干

月桂焦糖饼干是北欧的传统饼干，尤以在比利时著名，这款饼干在尼古拉节时食用。这款饼干的外形最开始像人形。如今，人们已摒弃了这个传统的外形，选择了更加简约、非象形的外形结构。因此，这款饼干可在一年的任何时间食用，每个人都可品尝其清脆的外皮、桂皮及以及焦糖的香味。

制作 120 块月桂焦糖饼干

配制材料

法国传统面粉 T65	1000 克
泡打粉	15 克
丁香粉	10 克
焦糖	750 克
黄油	500 克
桂皮粉	50 克
盐	1 克
鸡蛋	150 克

制作方法

面粉及泡打粉过筛。
使用刀背压碎丁香。
使用铺有玻璃纸的搅拌器将焦糖、化黄油、桂皮粉、丁香粉以及盐搅拌成奶油状。
逐个加入鸡蛋。
添加面粉以及泡打粉。
压成厚度为 4 厘米、边长为 10 厘米的矩形面饼。
保鲜膜覆盖面饼后置于冰箱至少 2 小时。
按照 4 毫米的间隔切割面饼以确保饼干的尺寸为 4 厘米 ×10 厘米。
将矩形饼干置于铺有烘焙纸的烤盘上。
使用 170℃风炉烘烤约 15 分钟。
将饼干置于烤盘上进行冷却。

擀面团
使用擀面杖擀面团使面团达到想要的厚度。

二次发酵
介于面包整形与置于烤箱内之间的发酵时间段。

水解
将水和面粉混合而得的面团的静置阶段。此阶段的目的是加速破坏麸质并促进面团的搅拌以及延伸。

加水
搅拌结束时进行加水。

膏状黄油
使用涂抹刀软化并搅拌黄油直至形成膏状。

揉圆
将面团制成规则的圆形过程。

割口
面团表面由于刀口划过而产生的割口。

波尔卡割口
呈菱形状的割口。

面包硬壳
面团表面变干、变硬。

除气泡
通过发酵去除面团中的气泡，同时，轻轻擀面团。

分割
使用打洞工具或小刀将擀开的面团切开。

醒发
介于成形与整形之间的静置时间。

称重分块
基础发酵之后按照预期的重量将面团分块的操作。

涂蛋液
将面团置于烤箱内之前，在面团表面或维也纳式甜面包表面涂上一层薄薄的鸡蛋液以便烘烤过程中面包表面着色。

弹性
面团在变形之后恢复原状的能力。

延伸性
面团的延伸能力。

整形
为面团最终定形而进行的操作。

撒面粉
在面团周围或表面撒上面粉以防止粘住。

膨胀
在配制过程中使劲打发，使体积增大。

和面
搅拌的第一阶段，其目的是将材料均匀地混合在一起。

麸质
小麦粒的组成成分之一。有水时，麸质形成一层保护网，可阻止气体流失。麸质属蛋白质。

褶皱
烘烤过程中由于割口而在面包表面形成的薄薄的凸起部分。

水化
和面过程中为面粉加大量的水。

切块
将面团切开。

酵母
水和面粉混合，自然发酵而成。

发酵粉
制作面包的材料之一，可用于面团的发酵。

成形
将面团制成规则的形状。

生面团
在面团称重分块之后而得到的块状面团。

揉面
介于和面和基础发酵之间的机械性操作，可提高面团质量。

基础发酵
第一次发酵阶段，开始于揉面结束之后，并在面团称重分块之前结束。

压面
用手将面团折叠以使面团更有韧性。

溶解
为酵母加水和面粉的操作。

冷却排气
烘烤结束后面包冷却并散发蒸汽的阶段。

压实
整形时，对面团加压或将面团滚动，其目的是增强面团韧性。

糖汁
糖水的浓缩液，可使用凉水或热水配制。

韧性
面团抵抗变形的能力。

包裹层配制
在维也纳式甜面包以及普通面包表层覆盖面层以及食用油脂。

去皮
去除柑橘类的薄皮以使果肉散发香味。

特殊材料
INGRÉDIENTS SPÉCIFIQUES

阿斯亚磨坊
(AXIANE MEUNERIE)

地址：CS 10019
28008 Chartres Cedex
France
电话：+33(0)2 37 88 78 87
网址：www.axiane.com

克莱门特设计
(CLEMENT DESIGN)

地址：61 bis, avenue Maréchal Lyautey
06000 Nice
France
电话：+33(0)4 92 47 75 50
网址：www.clementdesign.com
未来设计

东南部盐田公司
(COMPAGNIE DES SALINS DU MIDI ET DES SALINES DE L'EST)

地址：92-98，boulevard Victor-Hugo
92115 Clichy
France
电话：+33(0)1 75 61 78 00
网址 : www.salins-iaa.com
面包师首选用盐——盐田公司专供

佛利莎有限责任公司
(S.A.R.L. FORICHER)

地址：30, rue Godot de Mauroy
75009 Paris
France
电话：+33(0)1 42 68 08 47
网址：www.foricher.com

伊斯尼圣母联合品牌
(ISIGNY SAINTE-MERE COOPERATIVE)

地址：2, rue du Docteur Boutrois
14230 Isigny-Sur-Mer
France
电话：+33(0)2 31 51 33 33
网址：www.isigny-ste-mere.com

伦帕国家实验室
(LEMPA)

国家烘焙实验室
地址：150, boulevard de l'Europe
BP1032
76171 Rouen cedex 1
France
电话：+33(0)2 35 58 17 75
网址 : www.lempa.org

洛桑酒店学院

地址：Route de Cojonnex 18
1000 Lausanne 25
Suisse
电话：+41(0)21 785 11 11
网址：www.ehl.edu

法国乐斯福

地址：103, rue Jean Jaurès
BP17
94704 Maisons-Alfort
France
电话：+33 (0)1 49 77 19 01
网址：www.lesaffre.com

妃亭巧克力公司
(MAX FELCHLIN AG)

地址：Bahnhofstrasse 63
CH-6431 Schwyz
SUISSE
电话：+41(0)41 819 65 65
网址：www.felchlin.com

拉沃磨坊
(MOULIN DE LA VAUX)

地址：1170 Aubonne(VD)
SUISSE
电话：+41(0)21 808 54 73
网址：www.moulindelavaux.ch

巴那曼克斯食品加工
(PANEMEX)

地址：Route de Limerzel
56220 Caden
France
电话：+33(0)2 97 66 16 18
网址 : www.panemex.com

皮塔克食品有限责任公司
(PITEC S.A)

地址：La Pierreire 6
1029 Villars-Sainte-Croix
SUISSE
电话：+41(0)21 632 94 94
网址：www.pitec.ch

面包甜点烘焙集团
(SASA)

地址：ZI n° 1
Route de Po 毫米 ereuil-BP 9
59360 Le Cateau-Cambrésis
France
电话：+33(0)3 27 84 23 38
网址：www.sasa.fr

施耐德设计与包装公司

地址：5, avenue de la Foire aux Vins
68000 Colmar
France
电话：+33(0)3 89 21 63 00
网址：www.schneider-packaging.fr

沃纳与菲利德勒法国分公司
(WERNER & PFLEIDERER FRANCE)

地址：Boulevard de l'Océan
ZAC Port Launay-BP 8
44220 Couëron
France
电话：+33(0)2 40 85 50 34
网址 : www.wpbakerygroup.com

狄伦 · 阿勒夫（DYLAN HALFF）

出生于 1993 的狄伦·阿勒夫（DYLAN HALFF）是一名着迷自然学的瑞士艺术家。在攻读商业管理学士学位的期间，这位年轻人在美国阿拉斯加州旅行途中表现出了对摄影的兴趣，并开始使用他的第一部相机。自此，他自学摄影，饱览群书，不断探索、掌握更多的摄影技术以及修图软件。
他自称是业余爱好者，但他的作品与专业摄影人员的作品无差。他的努力终有收获。在摄影领域体验过各种变化之后，狄伦跻身于大艺术家之列。

杰罗姆 · 兰纳（JEROME LANIER）

杰罗姆·兰纳（Jérôme Lanier）于 1977 年出生于里昂，在绘画方面天赋禀异，他的梦想是成为迪士尼的插图画家。他接受过绘画方面的教育，在他进入法国美食天地之后，他的生活发生了转折。在餐馆的大厅内，他工作时严谨又认真，发挥着他星级大厨的作用。餐桌艺术与烹饪设计填满了他的创造性思维。他总是好奇并研究美食，旁人亦向他请教“产品设计”技术以及摄影技术。
在生活中，他通过摄影，更确切地说是城市摄影，表达他对图片的热爱。
2004 年，杰罗姆加入国立烘焙学院并成为专业面包摄影师。自此，他所从事的摄影工作与艺术家、法国优秀面包师工人或世界甜点冠军紧密联系在一起。

图书在版编目（CIP）数据

法式面包烘焙宝典 /（法）让-玛丽·拉尼奥，（法）托马·马利，（法）帕里斯·米塔耶著；（法）狄伦·阿勒夫，（法）杰罗姆·兰纳摄影；张梅译. —北京：中国轻工业出版社，2019.11
ISBN 978-7-5184-2550-1

Ⅰ. ①法… Ⅱ. ①让… ②托… ③帕… ④狄… ⑤杰… ⑥张… Ⅲ. ①面包－烘焙 Ⅳ. ①TS213.2

中国版本图书馆CIP数据核字（2019）第129737号

责任编辑：卢 晶 责任终审：劳国强 封面设计：锋尚设计
版式设计：锋尚设计 责任校对：晋 洁 责任监印：张京华

出版发行：中国轻工业出版社（北京东长安街6号，邮编：100740）
印 刷：北京博海升彩色印刷有限公司
经 销：各地新华书店
版 次：2019年11月第1版第1次印刷
开 本：787×1092 1/16 印张：15
字 数：300千字
书 号：ISBN 978-7-5184-2550-1 定价：178.00元
邮购电话：010-65241695
发行电话：010-85119835 传真：85113293
网 址：http://www.chlip.com.cn
Email：club@chlip.com.cn
如发现图书残缺请与我社邮购联系调换
180507S1X101ZYW